Photoshop图形图像处理"教学做"案例教程

主　编　龚花兰
副主编　苏凯英　许晓红　陶瑜　李志敏
　　　　吴留军　李鼎昊　尼加提阿吾提

复旦大学出版社

前　言

本教材根据"精讲多练,突出技能训练,基础理论以够用为度"的原则编写。共分4篇12个模块,每模块能独立成章,整个教材环环相扣。采用大量经典演示案例和上机任务,引导读者掌握 Photoshop 的应用技能。本教程主要突出如下特点:

1. 案例经典,"教学做"合一

每个模块以"教学做"递进形式展开。"教"知识要点;"学"经典案例演示;"做"上机实战。知识要点以够用为度,经典案例演示以巩固知识要点和提高操作技能为目标,实战以任务驱动和实用为主。其中,高度概括的知识要点有利于"教",每个经典案例关键的演示步骤有利于"学",每个实战任务的关键步骤有利于督促读者"做",突显了本教程"教学做"合一的特点。

2. 任务设置合理,利于提高技能

"知识要点+案例演示+实战任务",学习效果佳。70多个针对性强、实用性强的案例和任务,内容充实,步骤描述清楚明了且通俗易懂。改传统的"先学再做"为"边学边做",将知识点融入一个个案例和任务,真正做到理论与实际的结合。适合读者在学中练,练中悟;学中用,用中学;学中闯,闯中创。

3. 素材丰富,学习方便

配备了全部演示案例和任务的素材,方便读者下载。教材编写人员均为从事 Photoshop 图形图像处理教学工作的资深教师。主编沙洲职业工学院龚花兰编写了模块一、模块二、模块六的全部内容,模块八、模块九的4个案例,模块十二的4个综合案例和4个综合任务。副主编沙洲职业工学院苏凯英编写了模块七、模块十的全部内容和模块十二的综合任务3。副主编沙洲职业工学院许晓红编写了模块八、模块九的知识要点和6个任务。副主编沙洲职业工学院陶瑜编写了模块十一的案例3和模块十二(第二部分)3个综合任务。副主编无锡工艺职业技术学院李志敏编写了模块四的知识要点、模块四的3个案例和模块五、九的案例3。副主编山东枣庄理工学校吴留军编写了模块三

1

的案例1,模块五的知识要点,模块五的案例1、2和任务1、2,模块十二的知识要点和模块十二的综合案例2。江苏张家港安星网络科技有限公司李鼎昊参编了模块十一的部分内容。新疆阿克苏教育学院尼加提·阿吾提编写了模块三的知识要点和任务、模块四的3个任务。全书由主编龚花兰统编并统稿。

  教材的编写过程中,得到了江苏张家港安星网络科技有限公司李鼎昊总经理的大力帮助。书中难免有错误和疏漏之处,恳请广大读者批评、指正。读者在教材使用过程中,遇到困难,可以联系主编(电子邮箱 ghlzfr@163.com)。

编 者
2024 年 12 月

目　录

第一篇　快速入门

模块一　初识 Photoshop 软件 ………… 3
1.1　Photoshop 软件初识 …………… 3
1.2　图形图像处理基础知识………… 8
1.3　图像色彩模式 ………………… 11

模块二　Photoshop 常用工具
　　　　应用（一）………………… 23
2.1　移动和选框工具栏 …………… 23
2.2　套索工具 ……………………… 24
2.3　魔棒工具 ……………………… 24
2.4　裁剪工具 ……………………… 24

模块三　Photoshop 常用工具
　　　　应用（二）………………… 35
3.1　修复工具组（J）……………… 35
3.2　画笔工具组（B）……………… 38
3.3　橡皮擦工具组（E）…………… 40
3.4　填充工具组（G）……………… 42
3.5　其他工具组 …………………… 45

第二篇　技能提高

模块四　图层知识和应用 …………… 61
4.1　图层及图层基本操作 ………… 61
4.2　常见图层分类 ………………… 63

模块五　钢笔工具和路径 …………… 76
5.1　位图与矢量图 ………………… 76
5.2　钢笔工具组（P）……………… 78
5.3　路径选择和路径修改 ………… 81

5.4　钢笔工具抠图 ………………… 84

模块六　文字工具和形状工具组 …… 96
6.1　文字工具（T）………………… 96
6.2　形状工具组 …………………… 100

模块七　Photoshop 图像调整 ……… 114
7.1　颜色及色彩三要素 …………… 114
7.2　Photoshop 图像调整命令 …… 116

第三篇 高级技能

模块八　Photoshop 图层混合模式和图层样式 …… 141
8.1　图层混合模式及其分组 …… 141
8.2　图层样式及其种类 …… 145

模块九　Photoshop 滤镜效果 …… 160
9.1　滤镜的概念 …… 160
9.2　常用滤镜初体验 …… 162

模块十　蒙版知识和应用 …… 187
10.1　蒙版的概念 …… 187
10.2　Photoshop 蒙版种类及应用 …… 188

第四篇 技能应用

模块十一　通道技术 …… 207
11.1　通道的概念 …… 207
11.2　RGB 通道面板 …… 207
11.3　通道颜色信息 …… 208

模块十二　Photoshop 综合应用 …… 222
12.1　标识的设计 …… 222
12.2　海报的设计 …… 226
12.3　Photoshop 在行业中的应用 …… 228

Photoshop图形图像处理 "教学做" 案例教程

第一篇
快速入门

模块一 初识 Photoshop 软件

Adobe 公司出品的 Photoshop 是当前应用最广的图形图像处理软件。Photoshop 因其界面友好、操作简单、功能强大，深受广大设计师的青睐，也被广泛应用于平面设计、网页设计、插画、海报、多媒体设计、游戏、影视等领域。Photoshop 是一款家喻户晓的明星软件，通常简称为 Ps。

 知识要点

- Photoshop 软件初识
- 图形图像处理基础知识
- 图像色彩模式

1.1 Photoshop 软件初识

1.1.1 认识 Photoshop 软件主窗口

启动 Photoshop 2022 及以上版本，执行主菜单"文件"→"新建"，打开新建文档对话框，在窗口右侧修改文档的相关数据，宽度改为 600 像素（px）、高度改为 500 像素（px），分辨率 300，背景内容选择白色，其他默认，点击右下角的［创建］，进入 Photoshop 软件主窗口并新建好一个文档，如图 M1-1 所示。

Photoshop 软件主窗口主要由主菜单栏、工具属性栏、工具栏、常用面板、状态栏和图像窗口等组成。

1. 菜单栏

菜单栏是软件各种应用命令的集合处，从左至右依次为"文件""编辑""图像""图层""文字""选择""滤镜""3D""视图""窗口""帮助"等菜单，这些菜单集合了 Photoshop 中近百个命令。

2. 工具栏

Photoshop 工具栏中集合了图像处理的常用工具，使用这些工具可以创建选区、绘制图像、修饰图像、调整图像显示比例等。工具栏的默认位置在 Photoshop 软件界面的左侧，拖

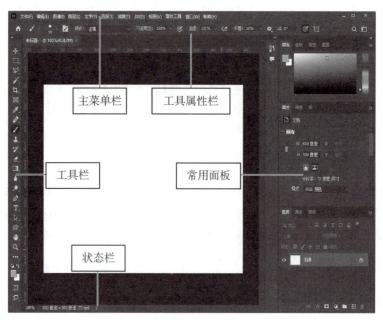

图 M1-1

动其顶部可以拖放到工作界面的任意位置。工具栏顶部有个折叠按钮（双箭头），单击该按钮可以将工具栏中的工具紧凑排列。如果在窗口看不到工具栏，可以恢复。具体的操作是：执行主菜单栏"窗口"→"工具"，勾选工具后，工具栏会重新显示出来。

3. 工具属性栏

在工具栏中选中某个工具后，主菜单栏下方的工具属性栏就会显示当前工具对应的属性和参数，可以设置这些参数来调整工具的属性。Photoshop 工具栏中常用工具种类多，选择不同的工具选项，在主窗口的工具属性栏会有对应的变化。如图 M1-2 所示，为 Photoshop 渐变工具对应的属性栏；如图 M1-3 所示为油漆桶工具对应的属性栏。

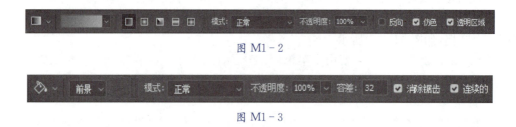

图 M1-2

图 M1-3

4. 常用面板

常用面板栏默认置于软件窗口的右边，常用面板栏是颜色选择、图层和路径编辑等操作的主要区域。单击面板栏右上角的折叠按钮（双箭头），可以显示和折叠面板。如果在主窗口右侧没有所需的面板，从"窗口"下拉菜单的对应项可以查看到，勾选对应项可显示出来。

有的常用面板有快捷键,如画笔设置面板［F5］、颜色面板［F6］、图层面板［F7］、信息面板［F8］。

5. 图像窗口

图像窗口是浏览和编辑图像的主要区域,图像窗口上方的标题栏主要显示当前图像文件的文件名和文件格式、显示比例及图像色彩模式等信息。如图 M1-4 所示,为打开"雷锋.jpg"图像文件的图像窗口。

图 M1-4

6. 状态栏

状态栏位于窗口的底部,最左端显示当前图像窗口的显示比例,在其中输入数值后,按［Enter］键,可以改变图像的显示比例,中间显示当前图像文件的大小,右端显示当前所选工具及正在操作的功能与作用。

点击主窗口右上方的"基本功能"→"复位基本功能"按钮,如图 M1-5 所示,Photoshop 软件的主窗口又可以还原到最初的状态。

图 M1-5

新建文档时,习惯 Photoshop 老版本的读者,可以通过主菜单栏执行"编辑"→"首选项"→"常规",打开首选项对话框,如图 M1-6 所示,勾选使用旧版"新建文档"界面,确定。初学者还可以进一步了解"首选项"对话框中的其他内容。

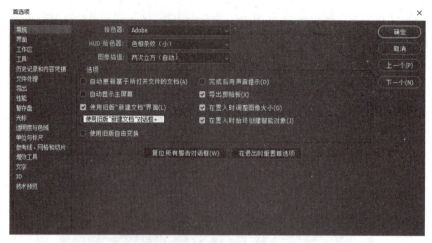

图 M1-6

选用旧版"新建文档"界面后,再新建文档时,就会出现熟悉的旧版本文档新建窗口,如图 M1-7 所示。

图 M1-7

1.1.2 Photoshop 软件窗口辅助知识

1. 图像和画布

画布可以理解为绘画时的绘画纸,图像可以理解为在画纸上所作的图画。任何图像都有一定大小(宽度和高度),单击主菜单栏"图像"→"图像大小",在弹出的图像大小对话框中,可以查看当前图像的大小,如图 M1-8 所示。如果需要调整图像的大小,只要在对应"像素"栏的数值框中输入数值即可。

单击菜单栏"图像"→"画布大小",在弹出的"画布大小"对话框中,可以查看当前画布的大小,如图 M1-9 所示。如果需要调整画布的大小,在"画布大小"对话框中的"新建大小"数值框中修改"宽度"或"高度"的数值即可。

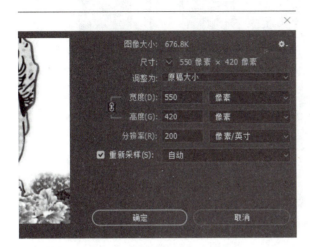

图 M1-8

图 M1-9

图像的大小是当前图像周围工作空间的大小。有时,画布的尺寸决定着图像的大小,如果画布的尺寸小于当前图像的尺寸,图像将不能全部显示出来。

2. 标尺和参考线

(1) 标尺　功能包括:

➢ 显隐标尺。勾选主菜单栏"视图"→"标尺"选项,可以显示标尺。按[Ctrl]+[R]键可以快捷地显示和隐藏标尺。

➢ 调整原点。标尺原点默认位于窗口左上角(0,0)标记处。要将原点移动到画布上的某个位置,可以将光标放在原点上,出现十字线后,拖动到指定位置即可。

➢ 使用测量工具。测量两个点之间距离时,可以使用标尺工具。选择标尺工具后,从起点拖动到终点。

(2) 参考线　可以创建水平和垂直参考线,以帮助对齐操作中的元素。将光标放在水平或垂直标尺上,单击并拖动可以创建参考线。移动参考线时,按住[Shift]键可以使参考线与标尺上的刻度对齐。在主菜单栏执行"视图"→"参考线"→"锁定参考线"命令,可以锁定参考线以防止移动。如果需要可以添加多个参考线,如图 M1-10 所示。在主菜单栏执行"视图"→"参考线"→"清除参考线"命令,可以快捷清除所有参考线。

3. 网格

(1) 显示和隐藏网格　勾选主菜单栏中的"视图"→"显示"→"网格"选项,可以显示网格。按[Ctrl]+[']键可以快捷地显示和隐藏网格。

图 M1-10

（2）编辑网格　执行"编辑"→"首选项"→"参考线、网格和切片"命令，打开首选项对话框，可以修改网格线间隙和子网格，如图 M1-11 所示。

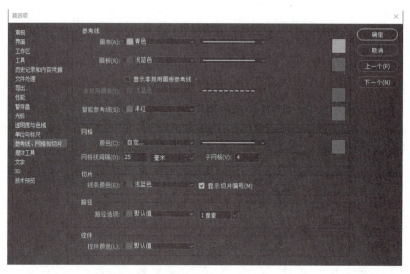

图 M1-11

1.2　图形图像处理基础知识

计算机图形图像处理也称为数字图形图像处理，是指将图形或图像信号转换成计算机可处理的数字信息，并利用计算机处理的过程。图形图像处理主要包括图形绘制、图像变换、图形图像编辑、图像剪裁与合成等内容,并可扩展至图形图像计算与生成、图像识别等方面。早期的图像处理主要以改善图像的质量和视觉效果为目的;随着计算机技术的发展,图形图像处理已应用到美学创意、摄影摄像、排版印刷、工业设计、数字视觉等各个方面,成为人类社会信息化生活中不可或缺的组成部分。

1. 像素与图像分辨率

像素(pixel,px)与分辨率是图形图像处理中最常见的两个参数,文件的大小及图像的质量通常是由这两个参数的设置决定的。

(1)像素　是组成位图的最小信息单元。在图像的栅格中,每个像素都具有特定的位置和颜色值,按从左到右、从上到下的顺序来记录图像中每一个像素的信息,如像素在屏幕上的位置、像素的颜色等。位图图像质量是由单位长度内像素的多少来决定的。单位长度内像素越多,图像分辨率就越高,图像的质量就越好。

(2)图像分辨率　是指每英寸图像中所包含的像素的数量,单位是像素/英寸(ppi)。处理位图时,重点要考虑图像的分辨率。图像的质量取决于图像处理开始时设置的分辨率,图像的分辨率越高,单位长度内包含的像素也就越多,图像的质量就越高,图像越清晰,图像的细节也越多,相应的图像尺寸会更大,文件占用的存储空间也就会更大。

图像的分辨率并不是越高越好,应视其用途而定。屏幕显示的分辨率一般为72 ppi,而在打印领域使用的分辨率单位 dpi,表示每英寸长度上的点数。打印的分辨率一般为150 dpi,印刷的分辨率一般为300 dpi。

2. 图形图像文件格式

图形图像文件类型即图形图像文件的格式,通常用扩展名来表示。Photoshop 支持20多种图像文件格式,在保存文件或导入导出文件时,可根据需要选择不同的文件格式。执行主菜单"文件"→"存储为"打开"存储为"对话框,在保存类型中可以看到有20多种格式。

(1)PSD 格式　是 Photoshop 自身生成的文件格式,是唯一能支持全部图像色彩模式的格式。以 PSD 格式保存的图像包含图层、通道及色彩模式、调整图层和文字图层。PSD格式相当于源文件,保存后数据不会丢失,便于文件后续编辑。其缺点是图像文件特别大。

(2)BMP 格式　是 DOS 和 Windows 兼容的计算机标准图像格式,是英文 bitmap(位图)的简写。BMP 格式支持1~24位颜色深度,使用的颜色模式有 RGB、索引颜色、灰度和位图等,但不能保存 alpha 通道。BMP 格式的特点是包含图像信息较为丰富,图像几乎不压缩,占磁盘空间大。目前大部分的图像查看软件都可以打开该格式的文件。

(3)JPG/JPEG 格式　JPG 和 JPEG 是一样的,没有区别,是同一种文件格式,是最常用的图像格式。是高压缩比、有损压缩真彩色的图像文件格式,最大的特点是文件比较小,可以高倍率压缩,因而在注重文件大小的领域应用广。

JPEG 格式是最有效、最基本的有损压缩格式,广泛用于网页的制作。如果对图像质量要求不高,但又要求存储大量图片,使用 JPEG 无疑是一个好办法。但是,对于要求图像输出打印,最好不使用 JPEG 格式,因为它是以损坏图像质量而提高压缩质量的。

在压缩中会失真，丢掉一些肉眼察觉不到的数据，尤其是使用过高的压缩比例，将使解压缩的图像质量明显降低。JPG 是图片格式，压缩了图片信息，成为一张常规的照片，再次用 Photoshop 打开文件，只是一张图片，不再有图层信息。不宜在印刷、出版等高要求的场合应用。追求高品质图像，不宜采用过高压缩比例。

（4）TIFF 格式　一种通用且灵活的位图格式，主要用来存储包括照片和艺术图在内的图像，可在不同的应用程序和不同的计算机平台之间交换文件。能够保存通道、图层和路径信息，与 PSD 格式区别甚小。但是如果用其他软件打开这种格式的文件，所有图层将合并，只有用 Photoshop 打开时才可以修改。TIFF 格式是使扫描图像标准化，是跨越 Mac 与 PC 平台最广泛的图像打印格式。TIFF 使用 LZW 无损压缩方式，大大缩小了图像尺寸。另外，TIFF 格式最令人激动的功能是可以保存通道，这便于继续处理图像。TIFF 与 JPEG 和 PNG 一起成为流行的高位彩色图像格式。

（5）AI 格式　是 Illustrator 软件所特有的矢量图形存储格式。Photoshop 将保存了路径的图像文件输出为 AI 格式，可以在 Illustrator 和 CorelDRAW 等矢量图形软件中直接打开并可以任意修改和处理。

（6）GIF 格式　全称为 Graphics Interchange Format(图形交换格式)，以超文本标志语言(Hypertext Markup Language)方式显示索引彩色图像，是输出图像到网页最常采用的动画格式。GIF 格式是动态图画格式，区别于 JPG 的静态，也可以理解为许多的静态图按一定的顺序播放，即动画。

GIF 格式是一种非常通用的图像格式，版权归 Compu Serve 公司所有，GIF 是一种公用的图像文件格式标准，用 LZW 压缩，占空间不大，非常适合互联网上的图片传输，也可以保存动画。采用 LZW 压缩，限定在 256 色以内，适应网络传输，但图像质量相对降低了。

（7）PNG 格式　是透明背景的图片格式。区别于 JPG 的背景，PNG 只保留图像信息，无画布背景信息。PNG 是一种无损压缩算法的位图格式，其设计目的是替代 GIF 和 TIFF 文件格式，同时增加一些 GIF 文件格式所不具备的特性。压缩比高，生成文件体积小。

（8）EPS 格式　是一种通用的行业标准格式，可以同时包含像素信息和矢量信息。除了多通道模式的图像以外，其他模式都可以存储为 EPS 格式，但是不支持 Alpha 通道。支持剪贴路径，在排版软件中可以产生镂空或蒙版效果。EPS 文件是目前桌面印前系统普遍使用的通用交换格式中的一种综合格式。印刷行业使用这种格式生成的文件，不会出明显问题，大部分专业软件都会处理它。EPS 格式给文件交换带来很大方便。

（9）PDF 格式　是由 Adobe Systems 创建的一种文件格式，防修改、防盗版的文档可以保存为 PDF 格式。要在 Photoshop 中可以打开 PDF 格式文档，执行"文件"→"导出"命令导出时，可以选择透明或者白色背景。PDF 文件还可以嵌入到 Web 的 HTML 文档中。

（10）Webp 格式(低版本的 Photoshop 不支持)　是一种同时提供了有损压缩与无损压缩的图片文件格式，是一种现代图像格式，在压缩方面比 JPEG 格式更优越。它旨在提供出色的无损和有损压缩，同时支持透明度(也称为 Alpha 通道)。与 JPEG 和 PNG 等传统格式相比,在质量相同的情况下,Webp 格式能提供更小更丰富的图片资源,以便资源在 Web 上访问和传输。

1.3　图像色彩模式

色彩模式决定了图像颜色的数量,影响图像通道数和图像文件的大小。Photoshop 色彩模式有多种,执行主菜单"图像"→"模式",可以查看到位图、灰度、双色调、索引颜色、RGB 颜色、CMYK 颜色、Lab 颜色和多通道等 8 种,如图 M1-12 所示。

Photoshop 常用 4 种色彩模式:RGB、CMYK、Lab 和 HSB。点击 Photoshop 工具栏下方的"前景色"或"背景色",打开"拾色器"对话框窗口;在"拾色器"对话框窗口中可以看到 4 种色彩模式,如图 M1-13 所示。

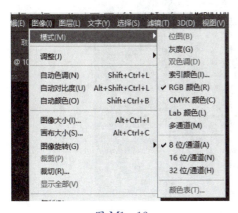

图 M1-12

图 M1-13

1.3.1　RGB 模式

RGB 是 Photoshop 默认的色彩模式,是图形图像设计中最常用的色彩模式。

RGB 模式基于光的三原色(红、绿、蓝)混合原理。红、绿、蓝也被称为三原色,每一种颜色存在 256 个等级的强度变化。红(red)、绿(green)、蓝(blue) 3 色光按不同比例和强度混合,产生其他的间色,如图 M1-14 所示。可以合成高达 16 700 000 种颜色,通常称为真彩色。

例如,在 Photoshop 软件中打开模块一素材中色彩丰富的图像"风景.jpg",如图 M1-15 所示,点击工具栏的"前景色",打开拾色器,用吸管工具在图的不同位置吸取颜色,可以看到 RGB

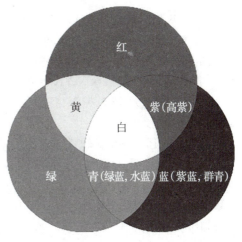

图 M1-14

值的变化。R、G、B 每种的色域范围都是 $0\sim255$ 共 $2^8=256$,可以配出的颜色种类是 $256\times256\times256=16\,777\,216$。以下是几种特殊颜色对应的 RGB 值:

- 红色:(255,0,0);
- 绿色:(0,255,0);
- 蓝色:(0,0,255);
- 黑色:(0,0,0);
- 白色:(255,255,255);
- 灰色:(255/2,255/2,255/2)。

执行主菜单"窗口"→"信息"面板观察,吸管放在图像的不同位置,信息面板上显示的数据,都会跟着改变。

图 M1-15

1.3.2 CMYK 模式

CMYK 模式由青色(C)、洋红色(M)、黄色(Y)和黑色(K)4 种颜色组成,主要用于印刷行业,又称为四色印刷。在吸光配色时,青色、洋红色、黄色称为三原色。单纯由 C、M、Y 这 3 种油墨混合不能产生真正的黑色,因此需要加黑色(K)。黑色用来增加对比度,以补偿 C、M、Y 产生的黑度不足。CMYK 模式是一种减色模式,每一种颜色所占的百分比范围为 $0\sim100\%$,百分比越大,颜色越深,各颜色取值在 $1\sim100$ 之间。(0,0,0,0)代表白色,(100,100,100,100)代表黑色。

例如,在 Photoshop 软件中打开图像"风景.jpg",用吸管配合拾色器查看 CMYK 值。吸管放在云朵处时,CMYK 值为(11,0,13,0),接近白色(0,0,0,0)的取值,如图 M1-16 所示。

处理印刷品时,点击"文件"→"新建"(旧版),选"CMYK"模式,宽、高可取 500×360 (px,下同),如图 M1-17 所示。

图 M1-16

图 M1-17

1.3.3 Lab 模式

Lab 色彩模式是一种基于大自然和人类视觉系统的色彩模式，L 代表亮度值，a 和 b 代表颜色分量。a 表示颜色从深绿（低亮度值）到灰（中亮度值）再到亮粉红色（高亮度值）的变化；b 表示颜色从亮蓝（低亮度值）到灰（中亮度值）再到焦黄色（高亮度值）的变化。Lab 颜色模式是目前所有模式中色彩范围（色域）最广的颜色模式，能够表现出比其他色彩模式更广泛的色彩范围。Lab 模式的优点在于能够在最终的设计作品中获得更加优质的色彩。

Lab 模式是 Photoshop 在不同颜色模式之间转换时使用的中间颜色模式。比如将图像由 RGB 模式转为 CMYK 模式时，应该先转换为 Lab 模式，再转换为 CMYK 模式。

例如，打开模块一素材中"风景.jpg"图像，执行主菜单"图像"→"模式"，在模式的级联选项中，先勾选 RGB 模式，再勾选 Lab 模式，然后勾选 CMYK 模式。观察 RGB 模式转换成 CMYK 模式的效果，如图 M1-18 所示。再将转换后的图另存为"风景 1.jpg"。从图像的显示中虽然没看到明显的变化，但"风景 1.jpg"文件的大小为 723 kb，比风景.jpg 的 291 kb 增加许多。

图 M1-18

1.3.4 灰度模式

灰度模式采用 256 级不同浓度的灰度来描述图像,每一个像素都有 0~255 范围内的亮度值,也是图像处理中使用比较广泛的模式,灰度图像中的每个像素只有一个灰度级,因此这种模式适用于需要表现单一色调的图像,如古建筑屋檐与房檐图像。

RGB 色彩模式转换为灰度模式时,所有的颜色信息被删除。虽然 Photoshop 允许将各模式的图像再转换为 RGB 色彩模式,但是原来已丢失的颜色信息不能再恢复。

例如"风景.jpg"原图像,执行"图像"→"模式"→"灰度",效果如图 M1-19 所示。再执行"图像"→"模式"→"RGB 颜色",不能恢复到"风景.jpg"原图像。

图 M1-19

总之,4 种色彩模式各有特点,适用于不同的应用场合。RGB 和 CMYK 模式分别适用于电子显示和印刷出版领域,而 Lab 和灰度模式则提供了更广泛的色彩表现范围或简化的色调表现。选择哪种色彩模式取决于具体的设计需求和输出介质。

 学　知识巩固　案例演示

演示案例 1　前景色和背景色

演示步骤

1. 启动 Photoshop 软件,执行主菜单"文件"→"新建",打开新建文档对话框(旧版本新建界面),宽度改为 300 像素、高度改为 300 像素,分辨率为 72,颜色模式 RGB,背景内容选择白色,如图 M1-A1-1 所示。确定,就可以新建一个 Ps 文档。

2. 观察工具栏最下端,默认的前景色与背景色为黑白(按快捷键[D]可以恢复到默认)。

3. 按快捷键[Alt]+[Delete],用前景色填充工作区;按快捷键[Ctrl]+[Delete],用背景色填充工作区。

4. 互换前景色和背景色,只需要点击前景色与背景色旁边的弯曲箭头。按快捷键[X]也可以实现前景色与背景色的互换,如图 M1-A1-2 所示。

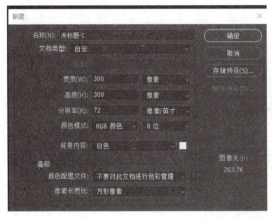

图 M1-A1-1　　　　　　　　图 M1-A1-2

5. 更换前景色和背景色。点击工具栏的前景色,打开"拾色器(前景色)"对话框,如图 M1-A1-3 所示。将 RGB 改为洋红色(255,0,255),确定。同样,点击"背景色",打开"拾色器(背景色)"对话框,将 RGB 改为绿色(0,255,0),确定,背景颜色改变。

6. 按快捷键[Alt]+[Delete],用前景色填充工作区,工作区填充为洋红色;按快捷键[Ctrl]+[Delete],用背景色填充工作区,工作区又填充为绿色。

7. 同理,在"拾色器(背景色)"对话框中,点击色卡中的任意颜色,如图 M1-A1-4 所示,可以观察到 RGB 值、CMYK 值、HSB 值、Lab 值的变化。

 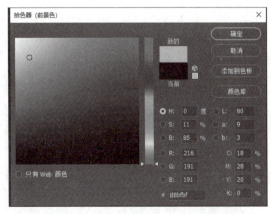

图 M1-A1-3　　　　　　　　图 M1-A1-4

8. 再按快捷键[D]或点击工具栏最下端"默认前景色和背景色"按钮,前景色和背景色又恢复到默认的黑白状态。

演示案例 2　图像与画布

演示步骤

1. 启动 Photoshop 软件，执行主菜单"文件"→"打开"，找到模块一素材中的"雷锋.jpg"，点击"打开"后，出现如图 M1-A2-1 所示的窗口。

2. 执行主菜单"图像"→"图像大小"，打开"图像大小"对话框，显示"雷锋.jpg"这张图像的一些默认信息，如图 M1-A2-2 所示。

3. 按组合键［Ctrl］+［+］和［Ctrl］+［-］可以放大和缩小图像的显示，再打开"图像大小"对话框，观察到这张图像的一些信息没有改变。

图 M1-A2-1

4. 执行主菜单"图像"→"画布大小"，打开"画布大小"对话框，如图 M1-A2-3 所示。显示画布"当前大小"项，W、H 分别为 6.99、5.33（厘米），与图像大小一样。

5. 在"新建大小"项，W、H 改为 6.99、5.33（厘米），表示画面与当前图片大小尺寸一样。"相对"项不勾选。

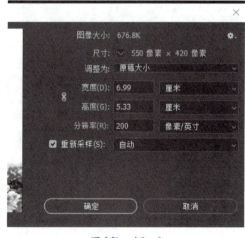

图 M1-A2-2

图 M1-A2-3

6. 在"画布大小"对话框中,勾选"相对"项,"新建大小"项宽度和高度相对值显示为"0",将0改为1后,如图M1-A2-4所示。观察到"雷锋.jpg"图片周边出现灰色(当前工具栏前景色默认为黑色),如图M1-A2-5所示,因为"画布大小"对话框中最下边的设置项"画布扩展颜色"为灰色。同时,画布相对图片宽度和高度都变大1厘米。

图 M1-A2-4

图 M1-A2-5

7. 点击"定位"中的不同箭头,观察画布增加的方向。

试试 新建文档时,将背景设为"透明"(灰白的网格状,类似马赛克)后,做上述填充操作,实现图 M1-A2-6 所示的效果。

图 M1-A2-6

演示案例3　初识证件照换背景

演示步骤

1. 启动 Photoshop 软件,双击灰色的工作区或按快捷键[Ctrl]+[O](零),通过对话框找到模块一素材中的"一寸证照1.png"(尺寸为2.5厘米×3.5厘米,头部占照片尺寸的2/3),点击"打开"后,出现在编辑窗口,如图 M1-A3-1(a)所示。

2. 点击主菜单"图像"→"图像大小",打开"图像大小"对话框,查看"文档大小"中照片的大小。按快捷键[Ctrl]配合小键盘操作:[Ctrl]+[+]放大视图,[Ctrl]+[-]缩小视图,[Ctrl]+[0]满屏显示。

3. 再打开图像大小对话框,保证"约束比"为勾选状态,将"文档大小"改小为宽10厘米,高会按比例改变。

4. 保持主菜单"窗口"→"图层"处于勾选状态(或按快捷键[F7]),显示图层面板。在图层面板上右击该图层,"复制图层"(或按快捷键[Ctrl]+[J]复制证件照图层),观察到新的图层1处于"无锁"状态。

5. 在图层1上点击"图像"→"调整"→"替换颜色",打开"替换颜色"对话框,用"选区"的吸管工具,吸取场景中证件照片原背景颜色(蓝色)。再点"替换颜色"对话框右下角"结果",将RGB改为红色(255,0,0),确定,效果如图 M1-A3-1(b)所示。

(a)

(b)

图 M1-A3-1

做　举一反三　上机实战

任务1　证件照换背景的其他方法

制作步骤

证件照换背景的方法有多种,接上述案例3再试试以下两种方法。

1. 启动 Photoshop 2022 以上版本,打开模块一素材中的蓝底"一寸证照.png",按[Ctrl]+[J]键复制出新图层。

2. 在图层1,执行主菜单"选择"→"主体"选定人像,再执行"选择"→"反选",将工具箱的前景色调整为红色RGB(255,0,0),然后按[Alt]+[Delete]将图层1所选区域填充为红色,效果较好。

3. 保存文件名为"一寸红色背景证件照.jpg"。

任务2　照片排版(1寸10张)

制作步骤

1. 启动 Photoshop 软件,打开模块一素材中的"一寸证照.jpg",如图 M1-R2-1 所示。

2. 按[Ctrl]+[J]复制图层修改照片大小为标准1寸(2.5厘米×3.5厘米)。执行"图像"→"图像大小",打开图像大小对话框,取消"约束比例"后,设置文档大小 W×H 为 2.5×3.5,单位为厘米,分辨率为 300,其他信息为默认。

3. 执行"编辑"→"描边",打开"描边"对话框,描边颜色设置为白色,位置选内部,如图 M1-R2-2 所示。确定,给照片添上了(5~6 px)白色的边框。

图 M1-R2-1

图 M1-R2-2

注意　演示案例中增加画布宽度和高度,只是修改画布大小,不是给照片描边。

4. 执行"编辑"→"定义图案",打开"图案名称"对话框,名称默认设为"一寸证照",如图 M1-R2-3 所示。

图 M1-R2-3

5. 新建一个文档:12.5厘米×7厘米,分辨率为300,颜色模式为CMYK的印刷模式,其他默认,如图M1-R2-4所示(或者修改画布尺寸为12.5厘米×7厘米)。

6. 执行"编辑"→"填充",打开"填充"对话框,"内容"项中选择"图案",在自定图案中找到"一寸证照",如图M1-R2-5所示。确定后,可以看到10张1寸照填充了整个画布,如图M1-R2-6所示。

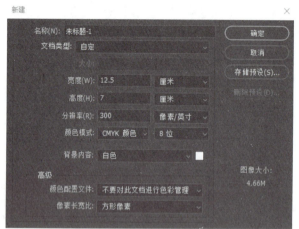
图 M1-R2-4

图 M1-R2-5

7. 保存文档为"1寸照片排版.psd"。

图 M1-R2-6

模块一　初识 Photoshop 软件

任务3　图像的局部缩放

1. 启动 Photoshop 软件,调整 Photoshop 软件窗口大小和模块一素材文件夹窗口的大小(两个窗口同时在桌面可见)。将模块一素材中的"雷锋.jpg"拖到 Photoshop 窗口中,和上述从主菜单"文件"→"打开"图像的效果一样。也可以将模块一素材中的"雷锋.jpg"拖到桌面 Photoshop 软件图标上,启动 Photoshop 软件的同时在软件窗口中打开"雷锋.jpg"。

2. 按[Ctrl]+[+]放大图像,按[Ctrl]+[-]缩小图像。再按[Ctrl]+[0],可以将图像调整到适合软件窗口的大小,如图 M1-R3-1 所示。

图 M1-R3-1

3. 点击工具栏中的缩放工具后,将鼠标放在图像上右击,可以看到对应的快捷菜单,做相应的缩放操作。

4. 局部缩放:点击工具栏中的缩放工具后,观察对应的选项栏,将"细微缩放"的勾选项取消(默认是勾选的)。

5. 接着,按住[Ctrl]+空格的同时,用鼠标去框选图像中的红五星位置,然后松开鼠标,就可以将图像中红五星局部放大。

> **知识点拨**
> - 按快捷键[Alt]+[Delete]用前景色填充;

- 按快捷键[Ctrl]+[Delete]用背景色填充；
- 按快捷键[F]，可以切换窗口显示模式；
- 按快捷键[X]，切换前景色和背景色；
- 按快捷键[D]，将前景色和背景色设置为默认的黑白色；
- 按[Ctrl]+[+]放大视图，[Ctrl]+[—]缩小视图；
- [Ctrl]+[0]（零）满屏显示，与双击工具栏的"抓手工具"作用相同。

模块小结

　　初识了Photoshop软件窗口及辅助知识，了解了常用图像文件格式，学习了图形图像处理的基础知识和图形图像处理的常用术语。通过案例和任务对证件照进行了简单的图形图像处理，能为后续进一步学习增加见识和兴趣。

模块二 Photoshop 常用工具应用（一）

Photoshop 的常用工具有许多类型，在 Photoshop 软件窗口左侧的工具栏，根据常用工具的用途自上而下排列着。

教 知识要点

- 移动(V)和选框工具栏(M)
- 套索工具(L)
- 魔棒工具(W)
- 裁剪工具(C)

2.1 移动和选框工具栏

移动工具和选框工具排在工具栏的最前，是使用较多的工具。移动工具对应快捷键[V]，选框工具对应快捷键[M]。点击工具栏中某类工具右下的黑三角可以看到对应的多个工具选项。例如，按快捷键[M]切换到选框工具，点击选框工具右下的黑三角可以看到对应的矩形选框工具、椭圆选框工具、单行选框工具和单列选框工具，如图 M2-1 所示。

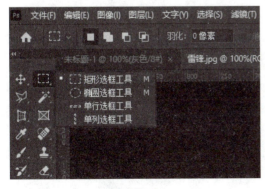

图 M2-1

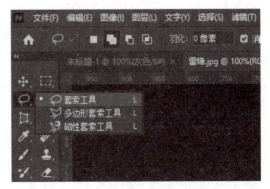

图 M2-2

2.2 套索工具

按快捷键[L]切换到套索工具,点击套索工具右下的黑三角,可以看到对应的套索工具、多边形套索工具、磁性套索工具,如图 M2-2 所示。

2.3 魔棒工具

按快捷键[W]切换到魔棒工具,点击魔棒工具右下的黑三角可以看到对应的对象选择工具、快速选择工具、魔棒工具,如图 M2-3 所示。

2.4 裁剪工具

按快捷键[C]切换到裁剪工具,点击裁剪工具右下的黑三角可以看到对应的裁剪工具、透视裁剪工具、切片工具、切片选择工具,如图 M2-4 所示。

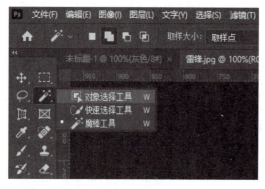

图 M2-3

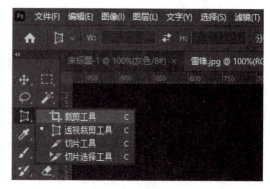

图 M2-4

知识点拨

如果有工具在常用工具栏找不到,需要执行工具恢复操作:
- 鼠标指向工具栏最下方的三个点"…"后右击,会出现"编辑工具栏"的提示,如图 M2-5 所示。
- 接着点击"编辑工具栏",打开"自定义工具栏"对话框,如图 M2-6 所示。点击右上角的"恢复默认值"。

完成后,所有工具都会显示在常用工具栏中。

模块二　Photoshop 常用工具应用(一)

图 M2-5

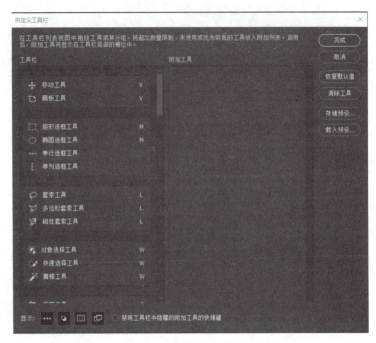

图 M2-6

 知识巩固　案例演示

演示案例 1　装裱画框(移动和选框工具)

演示步骤

1. 启动 Photoshop 软件,在空白工作区中双击,在弹出的窗口中找到模块二素材文件夹;按[Ctrl]键点击"空画框.jpg"和"书法.jpg",在 Photoshop 窗口中同时打开这两张图片,如图 M2-A1-1 所示。

2. 点击最上方标题栏中的"排列文档"→"所有内容在窗口中浮动",观察两个文档的位置。也可以用鼠标手动调整这两张图片的位置以方便操作。点击主菜单"窗口"→"排列"→"双联水平"或"双联垂直",观察这两张图的不同排列方式(试试同时打开 4 张图的操作)。

3. 点击"书法.jpg"文档使该文档处于编辑状态,单击工具栏中的移动工具,当鼠标出现"移动"形状时,按住鼠标左键拖选文档内容,拖到"空画框"文档中释放。关闭"书法.jpg"文档时,文字内容不变。

4. 按[F7]键打开图层面板,观察到在"空画框"文档中已增加图层 1。继续操作图层 1。

25

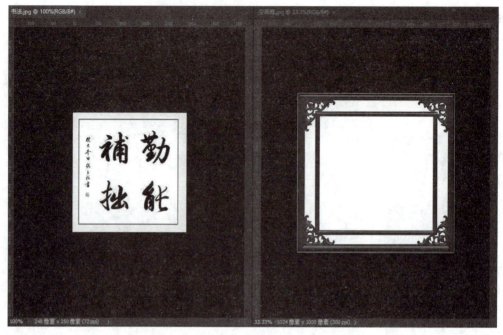

图 M2-A1-1

按[Ctrl]+[T]键后,图层 1 对象周围出现可操作的活动控点,如图 M2-A1-2 所示。配合[Shift]键等比例调整文字在画框中的位置(也可以单方向多次调整),按[Enter]键确认,效果如图 M2-A1-3(a)所示。

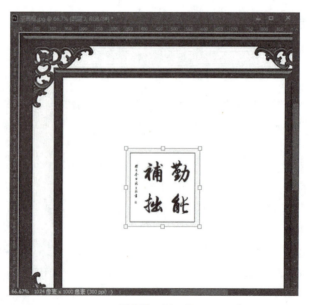

图 M2-A1-2

5. 以"姓名＋画框效果 1.jpg"格式保存在模块二文件夹中,关闭"画框效果 1"窗口。

6. 接着在 Photoshop 软件空白工作区中双击,打开模块二素材中的"空画框.jpg"和"彩瓷.jpg",手动调整这两张图片的位置以方便操作。

7. 使"彩瓷.jpg"内容处于编辑状态,点击工具栏中的矩形选框工具,框选彩瓷内容。注意,对应属性栏中"样式"设置为"正常"。用移动工具将框选的内容拖放到"空画框"文档中释放,彩瓷处于画框中。

8. 按[Ctrl]＋[T]键调整彩瓷在画框中的大小,效果如图 M2‑A1‑3(b)所示。以"姓名＋画框效果 2.jpg"格式保存在模块二文件夹中。

试试 用椭圆选框工具,用同样的方法,装裱类似下图(b)所示的彩瓷画框。

(a) (b)

图 M2‑A1‑3

知识点拨

跨文档移动,原文件内容被复制。可以结合选框工具,练习选择某个字移动的局部操作。

演示案例 2　荷花扇(魔棒工具)

演示步骤

1. 启动 Photoshop 软件,将模块二文件夹中的素材"荷花.jpg"和"扇面.jpg",同时拖到

Photoshop 窗口中,执行主菜单"窗口"→"排列"→"双联水平"将两窗口并列显示以便操作(同演示案例 1 的方法,用选框工具操作,发现荷花和白色的背景全部移动,效果不好)。

2. 在"荷花.jpg"文档窗口,用"魔术棒"工具点击荷花图片中白色处,对应属性栏"容差"为 35—40(此值的选取需要在操作的过程中积累经验),使相同的底色部分被选中,出现如图 M2－A2－1(a)所示的蚂蚁线;再执行主菜单"选择"→"反选"选中荷花(只有荷花周围出现蚂蚁线),如图 M2－A2－1(b)所示。

(a)　　　　　　　　　　(b)

图 M2－A2－1

3. 再用移动工具将荷花(蚂蚁线范围)移到空白的扇面上,按[Ctrl]＋[D]键取消选定。可先关闭"荷花.jpg"窗口。

4. 点击扇面文档的图层 1,按[Ctrl]＋[T]键可调整荷花在扇面上的大小和位置,按[Enter]键确认。制作出如图 M2－A2－2 所示的荷花扇,以"姓名＋荷花扇.jpg"格式保存在模块二文件夹中。

图 M2－A2－2

试 试　设置魔术棒工具对应工具属性栏"容差"为 50,试试效果。

知识点拨

不能直接用选框工具将荷花拖到扇面上。因为荷花图片有白色的衬底,而扇面为淡黄色,所以要选用魔棒工具。

演示案例3　标志绘制(选区的布尔运算)

> 演示步骤

1. 启动 Photoshop 软件,新建一个 800×800(px)的文档,如图 M2-A3-1 所示。按[Ctrl]+[J]新建图层1。

图 M2-A3-1

2. 按[Ctrl]+[R]显示标尺,执行主菜单"视图"→"网格"显示网络,拉出参考线,确定画布的中心。

3. 用鼠标点击工具栏中的椭圆选框工具,将鼠标定位在画布中心,左手按[Alt]+[Shift]的同时,右手按鼠标左键,拉出一个正圆选区(先松右手再松左手),效果如图 M2-A3-2(a)所示。

4. 在选区对应的功能属性栏,选择"从选区减去",鼠标出现一个减号的形状;再从中心位置拉出一个略小的正圆,出现圆环选区,如图 M2-A3-2(b)所示。

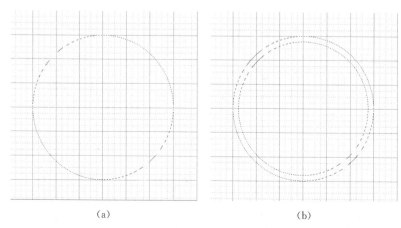

图 M2-A3-2

5. 将前景色改为红色 RGB(255,0,0);按[Alt]+[Delete]键用前景色填充圆环选区为红色。按[Ctrl]+[D]键取消选择。效果如图 M2-A3-3(a)所示。

6. 点击工具栏中的矩形选框工具,将鼠标定位在画布中心,左手按[Alt]+[Shift]的同时,右手按鼠标左键,拉出一个正方形选区(先松右手再松左手),效果如图 M2-A3-3(b)所示。

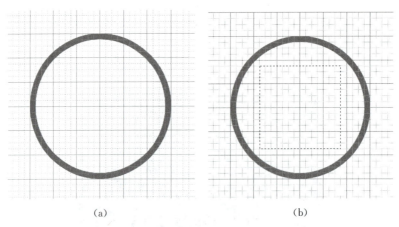

图 M2-A3-3

7. 在选区对应的功能属性栏,选择"从选区减去",鼠标出现一个减号的形状,再从中心位置拉出一个上下方向的矩形选区,将正方形的中间减去,效果如图 M2-A3-4(a)所示。

8. 借助网格,继续选择"从选区减去",拉出如图 M2-A3-4(b)所示的选区。

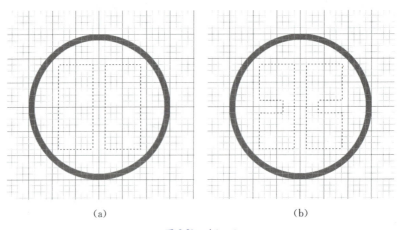

图 M2-A3-4

9. 借助网格,继续选择"从选区减去",拉出如图 M2-A3-5(a)所示的选区。

10. 按[Alt]+[Delete]键用前景色填充圆环选区为红色。按[Ctrl]+[D]键取消选择。效果如图 M2-A3-5(b)所示。

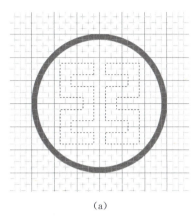

(a)　　　　　　　　　　(b)

图 M2-A3-5

  举一反三　上机实战

任务1　初识图像的合成(套索工具)

制作步骤

1. 在 Photoshop 软件窗口打开模块二素材中的"雷锋.jpg"和"毛主席题字.jpg",用鼠标移动两窗口并列显示以便操作。观察到这两图片的背景色是一样的。

2. 在"毛主席题字.jpg"窗口,用套索工具在文字中拖选一圈,文字处于选中状态,如图 M2-R1-1 所示。

3. 用移动工具将"毛主席题字.jpg"中的文字移到"雷锋.jpg"上,按[Shift]键等比例调整文字的大小和位置,参考图 M2-R1-2 所示的效果。

图 M2-R1-1　　　　　　　　图 M2-R1-2

4. 以"姓名＋向雷锋同志学习.jpg"格式保存在模块二文件夹中。

试 试　用魔棒工具完成,以增强操作技能。

任务2　相互缠绕(多边形套索工具)

制作步骤

1. 在 Photoshop 软件窗口,打开模块二素材中的"星-环.psd",按[Ctrl]＋[Alt]＋[＋]连同画布放大图像显示,如图 M2－R2－1 所示。

2. 按[F7]键,查看到图层面板已显示了不同的图层。用多边形套索工具套住"星"层需要删除的部分像素,如图 M2－R2－2 所示;然后按[Delete]删除,再按[Ctrl]＋[D],取消选择。

图 M2－R2－1　　　　　　　图 M2－R2－2

3. 继续上述操作,直到图 M2－R2－3 所示星与环相互缠绕的效果。
4. 保存为"姓名＋星绕环.psd",存于模块一文件夹中。

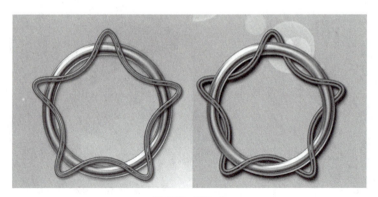

图 M2－R2－3

任务3 证书修正(透视裁剪)

制作步骤

1. 在 Photoshop 软件窗口(Photoshop 2022 及以上版本),打开模块二素材中的"证书.jpg",如图 M2-R3-1 所示。

2. 点击工具栏裁剪工具右下角的黑三角,选择"透视裁剪"。接着用鼠标分别准确地点击图像中证书的4个顶点。整个证书出现4个白色的控点并且所选区域显示出网格,如图 M2-R3-2 所示,然后按回车键。

图 M2-R3-1

图 M2-R3-2

3. 应用透视裁剪之后,可以看到证书方方正正的展示效果,如图 M2-R3-3 所示。
4. 保存为"证书已修正.jpg"。

图 M2-R3-3

知识点拨

- ［Ctrl］+［T］自由变换。自由变换工具方式：缩放、旋转、斜切、扭曲、透视。其中，按［Shift］键为等比例缩放。
- ［Ctrl］+［D］取消选择；在 Windows 中，［Ctrl］+［D］是回到桌面。
- 在选区操作时按［Shift］+［M］拉出正圆选区和正方形选区；在工具选择时，［Shift］+［M］在矩形选框工具和圆形选框工具间切换。
- Photoshop 2022 及以上版本的工具栏裁剪工具中有透视裁剪功能。

模块小结

本模块主要介绍了移动和选框工具栏、套索工具、魔棒工具、裁剪工具的使用。通过案例演示和任务操作，具体应用移动和选框工具、套索工具、魔棒工具、裁剪工具，能为后续进一步学习打下良好的基础。

模块三 Photoshop 常用工具应用（二）

本模块继续学习 Photoshop 工具栏中的常用工具，主要是：修复工具组、画笔工具组、橡皮擦工具组、填充工具组和其他工具组等。这些工具也是图像处理和设计中的核心工具。

  知识要点

- 修复工具组(J)
- 画笔工具组(B)
- 橡皮擦工具组(E)
- 填充工具组(G)
- 其他工具组

3.1 修复工具组(J)

修复工具组的快捷键为[J]，修复工具组包括 5 种工具，如图 M3-1 所示。

图 M3-1

1. 污点修复画笔工具

污点修复画笔工具是一种强大的图像编辑工具，用于快速去除图片中的污点或不需要的元素。可以自动从所修饰区域的周围取样，并使用这些样本修复，使样本像素的纹理、光照、透明度和阴影与所修复的像素匹配。污点修复画笔工具对应的功能属性栏有：

> 内容识别：较智能的模式，适用于一般的污点修复工作。
> 创建纹理：适用于在有规律纹理的背景上修复。
> 近似匹配：使用周围的像素直接匹配修复，可能在光线和阴影的匹配上，不如内容识别。

参考如下操作步骤：

> 打开需要修复的图片，如本模块素材中的"有污点.jpg"，如图 M3-2(a)所示，新建一个图层。

➢ 选择污点修复画笔工具,对应的功能属性栏模式选择"正常",类型选择"内容识别"。
➢ 画笔的硬度选择 65% 左右(硬度大小要适合)。
➢ 画笔比污点略大(画笔的大小可以通过滑块调整,也可以通过方括号"["和"]"缩小和放大)。
➢ 勾选"对所有图层取样",原图层和新建的图层可以同时识别。
➢ 在污点上点击或涂抹,可以将污点去除。
➢ 污点多的,需要耐心操作,修复后的效果如图 M3-2(b)所示。

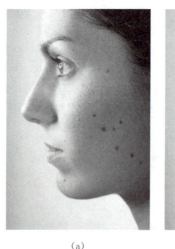 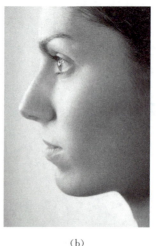

(a)　　　　　　　　　(b)

图 M3-2

2. 修复画笔工具

修复画笔工具允许手动选择样本点,使用这些样本点的像素来修复照片中的瑕疵,同样会将样本像素的纹理、光照和阴影与源像素匹配。参考如下操作步骤:
➢ 打开本模块素材中的"有污点.jpg"。
➢ 选择修复画笔工具,对应的功能属性栏模式选择"正常",源选择"取样"。
➢ 适当调整画笔的硬度和画笔的大小。
➢ 按[Alt]键,在污点旁边无污点处点击取样,鼠标出现"+"形状,再在污点上点击。
➢ 按[Alt]键,不断点击无污点处取样,慢慢地将污点去除。

3. 修补工具

修补工具允许用户选择图像中的一部分,然后使用其他区域或图像中的像素替换选中的区域。参考如下操作步骤:
➢ 打开本模块素材中的"有污点.jpg"。
➢ 选择修补工具,对应的功能属性栏模式选择"正常"。
➢ 如果选择"源",当鼠标出现修补工具的形状时,用鼠标圈选污点,将圈选的污点移到无污点处释放鼠标,污点处被修复干净。

➢ 如果选择"目标",当鼠标出现修补工具的形状时,用鼠标圈选无污点处移到污点处释放鼠标,污点处会被无污点处覆盖。
➢ 需要的时候,按[Ctrl]+[D]取消选择,重新选择干净的无污点处。耐心操作,直到修复全部。

4. 内容感知移动工具

内容感知移动工具允许用户移动图像中的对象到其他位置,同时自动填充原始位置,特别适用于需要移动图像中特定对象或元素的情况,而不需要手动绘制或填充背景。背景为单色和整洁的图形,用内容感知移动工具处理方便有效。参考如下操作步骤:

➢ 打开本模块素材中的"海上有船.jpg"照片,如图 M3-3 所示。

图 M3-3

➢ 选择内容感知移动工具,对应的功能属性栏选择"移动",其他保持默认。移动到所需要的位置,效果如图 M3-4(a)所示(照片布局更好)。
➢ 如果对应的功能属性栏模式选择"扩展",效果如图 M3-4(b)所示,相当于将所选择的部分复制了一份。

(a)

(b)

图 M3-4

5. 红眼工具

图 M3-5

红眼工具专门用于移除人物照片中的红眼,以及动物照片中的白色或绿色反光。鼠标指向红眼工具,会出现提示"修复由相机闪光灯引起的红眼效果",如图 M3-5 所示。使用红眼工具,还需要调整对应功能属性栏的设置,如瞳孔大小和变暗量,以适应照片的具体情况。红眼工具快捷有效,参考如下操作步骤:

- 打开本模块素材中的"红眼.jpg"照片,如图 M3-6(a)所示。
- 在工具箱中选择红眼工具,当鼠标出现"红眼工具"的状态,用鼠标框选或直接点击红眼部分,软件会自动调整颜色和亮度,以消除红眼现象,使照片中的眼睛看起来更自然。一次效果不好,可以操作多次。
- 还可以通过对应功能属性栏的设置或使用其他工具微调,以达到最佳效果,如图 M3-6(b)所示。

(a)

(b)

图 M3-6

重要的是操作要耐心和细心,同时保持照片的整体自然感。

3.2 画笔工具组(B)

画笔工具是使用较频繁的绘制工具,常用来绘制边缘较为柔软的线条,其效果类似于毛笔画出的线条,也可以绘制特殊形状的线条。

画笔工具组中包括画笔工具、铅笔工具、颜色替换工具和混合器画笔工具等,如图 M3-7 所示。

图 M3-7

1. 画笔工具种类

之前的版本画笔种类很多,但 2022 以后的版本的画笔工具相对较少。在软件主窗口,执行"窗口"→"画笔"可以打开"画笔预设"对话框,或点击画笔工具对应功能属性栏的画笔大小旁边的箭头,如图 M3-8 所示,也可以快捷打开"画笔预设"对话框。在弹出画笔对话框中,显示画笔主要有 4 类:常规画笔、干介质画笔、湿介质画笔、特殊效果画笔,如图 M3-9 所示。点击"画笔预设"对话框中右上角的"齿轮"按钮,可以新建画笔预设、新建画笔组、导入画笔和加载旧版画笔等。如图 M3-10 所示,还有旧版画笔、旧版画笔 2、旧版画笔 3 和转换后的旧版工具预设等,这些是加载后添加的。点击各种类型画笔前的箭头,可以展开这类画笔的各个子项,找到所需要的画笔。具体使用时,还要在画笔工具对应的功能选项栏,设置画笔的大小和硬度等。

图 M3-8

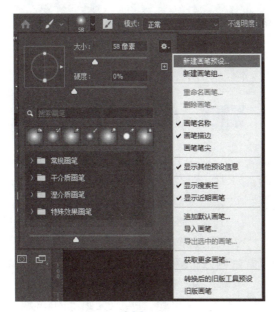

图 M3-9

2. 画笔效果的设置

选择画笔工具后,在工具选项对应的属性栏可以设置画笔的类型、模式、透明度和流量等参数。点击"窗口"→"画笔设置"或按快捷键[F5],弹出"画笔设置"对话框,画笔效果可以在这里添加,如图 M3-11 所示。

画笔默认的是工具栏的前景色绘画,设置后可以多种色彩一起绘制,画笔形状默认的是圆形,可以有多种形状的笔形。

一次为画笔工具添加许多效果后,又不想要了,可以还原画笔工具的设置。具体方法是:点开"画笔设置"对话框右上角,打开弹出菜单,复位所有设置。

图 M3-10

图 M3-11

画笔工具使用非常广,不仅仅用来绘制,还可以用来处理图片(比如蒙版)。

3.3 橡皮擦工具组(E)

图 M3-12

打开工具栏橡皮擦工具组,弹出的扩展工具有3个:橡皮擦工具、背景橡皮擦工具和魔术橡皮擦工具,如图 M3-12 所示。

1. 橡皮擦工具

橡皮擦工具用来擦去不需要的部分,如果是在背景图层操作,擦去部分后就会显示出设定的背景颜色。如果背景色为红色,擦去后显示红色;如果背景色为"无",擦去后显示透明即马赛克状。橡皮擦工具的功能属性栏如图 M3-13 所示。可设置橡皮擦工具的大小以及软硬程度。模式有3种,即画笔、铅笔和块。如果选择"画笔",边缘显得柔和,也可改变画笔的软硬程度;如果选择"铅笔",擦去的边缘就显得尖锐;如果选择的是"块",橡皮擦就变成方块。在使用"画笔"时,如果在原有图片上再加一张图片,"不透明度"设定为 100% 时,可以 100% 地把后图擦除;如果"不透明度"设置为 50% 再擦图,不能全部擦除而呈透明的效果。

> **知识点拨**
>
> 橡皮擦工具只能擦除普通图层,不能擦除形状层、智能对象层和文字层。在后续的演示案例和任务操作中会遇到,这3种图层如果用橡皮擦工具,需要先将图层转换为普通层。方法是右击图层,选择"栅格化图层"。

图 M3-13

2. 背景橡皮擦工具

背景橡皮擦工具,顾名思义,用于擦除露出的背景。背景橡皮擦工具的功能属性栏如图 M3-14 所示。选项栏的"限制"有 3 种选择:不连续、连续和查找边缘。用画笔工具画一个封闭的线条,然后选背景橡皮擦工具:

图 M3-14

➢ 把橡皮擦的擦头放大到覆盖封闭线条里的颜色。点击橡皮擦工具后,鼠标中心点周围所覆盖的颜色就被擦掉了。
➢ 再选择"连续",点一下鼠标则选区的颜色被擦掉,而线条外面的颜色未被擦掉。
➢ 使用"查找边缘",鼠标在颜色接触边缘点一下,则只有边缘的颜色被擦掉,而其他的颜色未被擦掉,如图 M3-15 所示。

图 M3-15

➢ "容差"值主要设置鼠标擦除范围,值越大擦除的范围就越大。
➢ 假如前景色设为黄色,在图片上用前景色填充一个色块,取消"保护前景色"的勾选,再选取背景橡皮擦工具来擦去图像上颜色,则鼠标经过的地方都被擦除掉了;如果勾选了"保护前景色",则凡是鼠标经过的地方都被擦除掉了,但用前景色设置的图像未被擦掉。

3. 魔术橡皮擦工具

擦除颜色相近的一片区域,擦除后露出白色的背景。如果更改背景色,则背景会变。如果背景图层解锁,则擦除后露出透明层,效果如图 M3-16 所示。

图 M3-16

3.4 填充工具组(G)

图 M3-17

填充工具组主要有渐变填充工具、油漆桶工具和 3D 材质拖放工具,如图 M3-17 所示。

1. 渐变填充工具

在工具栏中点击渐变工具,对应的功能属性有多种渐变类型,如图 M3-18 所示,有线性渐变、径向渐变、角度渐变、对称渐变和菱形渐变等。例如,将工具栏的前景色设置为黄色(255,255,0),背景色设置为红色(255,0,0),分别用线性渐变、径向渐变、角度渐变、对称渐变和菱形渐变等填充一个相同的正方形选区,效果如图 M3-19 所示。

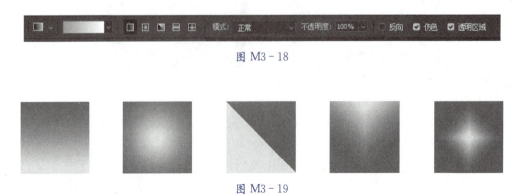

图 M3-18

图 M3-19

在实现渐变填充时,填充颜色不受工具栏的前景色和背景色限制。点击功能属性栏左上角的"可编辑渐变"打开"渐变编辑器",如图 M3-20 所示,可以设置填充色等。

图 M3-20

2. 油漆桶工具

油漆桶工具对应的属性栏有多个选项,如图 M3-21 所示。"前景"表示填充前景色,点击"前景"可以切换成"图案",表示可以填充图案。

图 M3-21

油漆桶工具是一个强大的图像处理工具,可以快速填充图层和区域。掌握油漆桶工具的使用技巧,可以提升图像编辑的效率和质量。选择了想要填充的图层或选区后,注意图层的"不透明度"设置,如果图层透明度较低,填充结果可能会受到影响。掌握不同的填充选项,如填充颜色、填充图案等,可以根据具体需求选择。"消除锯齿"是一个非常重要的选项,它决定了填充边缘的平滑程度。在使用油漆桶工具之前,务必了解消除锯齿选项的使用。如果希望边缘更加平滑,可以选择启用抗锯齿。相反,如果想要更锐利的边缘效果,可以禁用消除锯齿。

熟练掌握油漆桶工具的快捷键可以极大地提高工作效率,例如,按住[Shift]键并点击鼠标左键可以连续填充相同的颜色。

使用油漆桶工具需要了解和灵活运用工具属性栏中的各个选项,操作步骤参考如下:

➢ 在 Photoshop 软件中打开模块三素材中的"红花.jpg"图片,如图 M3-22 所示。

图 M3-22

➢ 设置前景为黄色,"容差"值为 32,用前景色填充红色的花朵区域。
➢ 将功能属性栏中的"容差"值改大为 90,花朵填充为黄色。
➢ 选择油漆桶工具,油漆桶默认填充前景色,前景色重新设置 RGB(255,255,150),按鼠标左键,分别在图片中有花的部分点击填充。
➢ 要使花朵一次性大量变为全部填充,则属性"连续"取消勾选,几乎可以一次性填充,效果如图 M3-23 所示。
➢ 为了增强真实感,功能属性栏的"不透明度"设置为 50%,效果会更好。

图 M3-23

知识点拨

将工具箱中油漆桶快捷键[G]改回到老版本[K]的设置:执行"编辑"→"键盘快捷键",打开键盘快捷键和菜单对话框,在"快捷键用于(H)"处,选"工具",如图 M3-24 所示,找到油漆桶工具,将 G 改为 K,接受,确定。

模块三　Photoshop 常用工具应用(二)

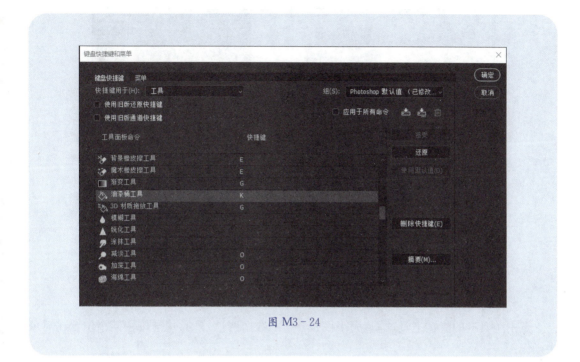

图 M3-24

3.5　其他工具组

3.5.1　模糊锐化工具组

模糊锐化工具组主要有模糊工具、锐化工具和涂抹工具，如图 M3-25 所示，这三个工具在图形图像处理中经常用到。

图 M3-25

1. 模糊工具

模糊工具，顾名思义，就是把不需要清楚的地方模糊化。最好新建图层，根据需要改变笔头大小和硬度，对应的功能属性勾选"对所有图层取样"。如果模糊和锐化处理不当，也可以通过删除新图层来还原效果，重新处理。

2. 锐化工具

锐化工具与模糊工具相反，即变清晰，可以把模糊掉的地方重新变清晰。一些有纹理的图案，用锐化工具效果比较明显。参考步骤：

➢ 打开本模块中的素材"枫叶"，如图 M3-26 所示。
➢ 新建一个图层 1。
➢ 使用锐化工具针对枫叶操作，图中枫叶的纹理有所增加。

图 M3-26

3. 涂抹工具

点击工具栏的涂抹工具,画笔大小按照合适的数据调整,鼠标左键按住某个位置在对象中操作:

- ➢ 打开素材中"兔子.jpg"图片。
- ➢ 新建图层 1,勾选"对所有图层取样"。
- ➢ 用涂抹工具,可以实现兔子耳朵拉长和变短的效果。也可实现兔子耳朵相接的畸形特效,如图 M3-27 所示。

使用模糊、锐化和涂抹工具,可以快捷地去除床单皱褶:

- ➢ 打开模块三中的素材"卧室 1.jpg",如图 M3-28 所示,调整窗口大小。

图 M3-27

图 M3-28

➢ 分别用模糊工具和锐化工具操作(调整属性栏的相关设置)。以上两种效果相反。
➢ 用模糊工具在床单的皱褶处涂抹,使皱褶不特别清晰,如图 M3-29(a)所示。反之,用锐化工具在床单的皱褶处涂抹,皱褶又清晰了,如图 M3-29(b)所示。

(a)

(b)

图 M3-29

3.5.2 减淡和加深工具组

减淡和加深工具组主要有减淡工具、加深工具和海绵工具,如图 M3-30 所示,这 3 个工具在图形图像处理中经常用到。

减淡工具用于增强图像亮度,可以在不影响色相饱和度的情况下,使图像的特定区域变亮。以下是使用减淡工具操作的具体注意事项。选择减淡工具:

图 M3-30

(1) 调整工具设置　在功能属性栏中,可以选择不同的画笔笔尖和设置画笔选项。

(2) 调整范围　在"范围"菜单中选择要减淡的区域,例如阴影、中间调或亮点。

(3) 调整曝光度　为减淡工具指定曝光度,这决定了减淡的强度。

(4) 使用喷枪模式　单击"喷枪"按钮,可以将画笔用作喷枪,绘制的颜色会向边缘扩散。

应用减淡工具,在图像中要变亮的部分上拖动,可以看到图像区域逐渐变亮。需要注意的是,对背景图层应用减淡工具会永久地改变图像信息。如果希望在编辑过程中保持原始图像不变,建议在复制的图层上编辑。

例如,室内色调处理,可以参考如下操作:

➢ 打开模块三中的素材"卧室 2",如图 M3-31(a)所示。调整窗口大小。

- 分别用减淡工具和加深工具,在室内不同位置操作(调整属性栏的相关设置,可使图像的亮度提高,笔头大点为80,硬度为0)。
- 观察效果。加深工具可使图像的区域变暗。与减淡工具效果相反,可将灯光处变暗。
- 海绵工具可以提高或降低图像的色彩饱和度。在属性栏模式,选"降低饱和度",观察相对应的变化,效果如图M3-31(b)所示。

(a)

(b)

图 M3-31

  知识巩固　案例演示

演示案例1　包装盒的形成(自由变换、填充等)

演示步骤

1. 启动Photoshop软件新建一个文档,文档的设置如图M3-A1-1所示。
2. 将前景色RGB设置为(0,120,150),背景色RGB设置为白色,用渐变工具径向填充(从画面的中上部往下填充),效果是上蓝下灰白,如图M3-A1-2所示。
3. 打开模块三素材中的"石榴包装盒平面展开图.png",执行主菜单"窗口"→"排列"→"双联垂直"将两个窗口并列,便于接下来的操作。
4. 用矩形选框工具,选中包装盒平面展开图中的主立面,移到新建的文档中(会新建一个图层),按[F7]键显示图层面板。在新图层中按[Ctrl]+[T]键,调整包装盒主立面的大小和位置。
5. 用矩形选框工具将包装盒平面展开图中的右面选中,移到新建的文档中(也会新建一个图层),将包装盒的主立面和右面图形对齐,如图M3-A1-3(a)所示。

图 M3－A1－1　　　　　　　　　图 M3－A1－2

6. 在右面图形上,按[Ctrl]+[T]键,再右击弹出快捷菜单,选择"自由变换"→"斜切",用鼠标稍微移动右上角和右下角的控点,调整成图 M3－A1－3(b)所示效果(由于透视的原因,右边的高度要比左边稍高一点,一般遵循近大远小的透视规律调整)。可以稍微缩小右立面的宽度。调整完成后按[Enter]键确认。

(a)　　　　　　　　　　　　　(b)

图 M3－A1－3

7. 用矩形选框工具选中包装盒平面展开图中的顶面,移到新建的文档中,置于图形上方。调整顶面和主立面的边对齐,效果如图 M3－A1－4(a)所示。按[Enter]键确认。

8. 针对顶面图形,按[Ctrl]+[T]键,再右击弹出快捷菜单,选择"自由变换"→"扭曲",用上述类似的方法,将顶面右上角的控点调到与右面的右上角重合,顶面左上角的控点调到与右面控点对齐,调整成图 M3－A1－4(b)所示效果后,按[Enter]键确认。

9. 执行主菜单"文件"→"存储为",保存为"石榴包装盒立方体图.psd"格式。

(a)   (b)

图 M3-A1-4

演示案例2 制作圆锥(线性渐变和径向渐变)

演示步骤

1. 启动 Photoshop 软件,新建一个 600×600 像素的文档,背景为白色,其他设置默认,如图 M3-A2-1 所示(旧版界面)。

2. 显示图层面板,点击图层面板下方的"新建"按钮,新建一个图层,命名为圆锥层。在圆锥层选择矩形选框工具,拉出一个矩形选区。

3. 选择渐变工具,在工具属性栏中选择"线性渐变",点击"渐变编辑器",打开渐变编辑器对话框,设置橙色(255,125,0)—黄色(255,255,0)—橙色,如图 M3-A2-2 所示。

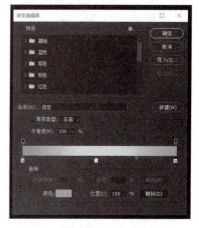

图 M3-A2-1   图 M3-A2-2

4. 按[Shift]用线性渐变填充矩形区,注意观察填充效果。方向:从左至右或从右至左(试试与上下方向填充的不同)。按[Ctrl]+[D],取消矩形选择,如图 M3-A2-3(a)所示。

5. 主菜单"编辑"→"自由变换",或按[Ctrl]+[T],再右击矩形选择"透视",鼠标放顶部再向中间移,形成锥形,如图 M3-A2-3(b)所示。回车确认。

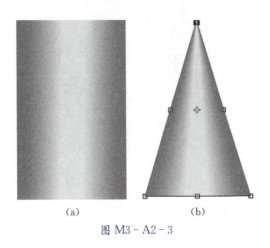

图 M3-A2-3

6. 选择"椭圆形选框"工具,在锥形下面拉出一个椭圆形(属性栏中的样式为"正常"),微调椭圆的位置(光标),如图 M3-A2-4(a)所示。再选择矩形选框,在属性栏上点击"添加到选区"使选区相加,画一矩形选框与椭圆形相加的区域,不要超出椭圆范围,出现如图 M3-A2-4(b)所示的选区。

7. 主菜单"选择"→"反向选择",或按[Shift]+[F7],再按[Delete]删除,得到如图 M3-A2-4(c)所示的圆锥体。

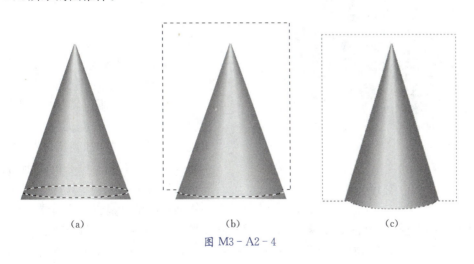

图 M3-A2-4

8. 也可以再做一个背景层。在两层间插入背景层,颜色为"蓝白渐变",效果参考图 M3-A2-5 所示。

9. 保存为"圆锥.psd"于模块三文件夹中。

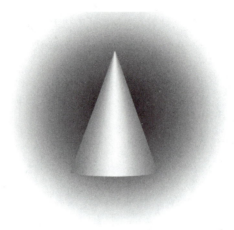

图 M3－A2－5

演示案例3　绘制孔雀身躯

演示步骤

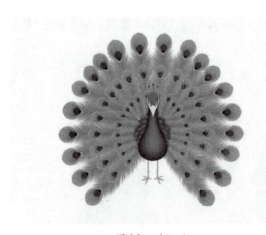

图 M3－A3－1

1. 在 Photoshop 软件窗口中打开模块三素材中的样图"孔雀身躯.jpg"作为参考,如图 M3－A3－1 所示。新建文档(400 px×400 px),背景白色。执行主菜单"窗口"→"双联"→"垂直"将两窗口并排显示。在新建的窗口按[Ctrl]+[']键显示网格。

2. 绘制身躯。新建一个图层,按[M]键选择椭圆选框工具,在上方的工具属性栏选择"添加到选区"。按[Alt]键拉出一个有固定圆心的正圆(孔雀肚子的位置)。再按[Alt]键拉出第二个椭圆(竖方向偏长),两个椭圆外框相加。再按[Alt]键拉出第三个椭圆(竖方向偏长,孔雀脖子的位置),3个椭圆外框相加,形成孔雀身躯的轮廓,如图 M3－A3－2(a)所示。最后按[Alt]键画出有固定圆心的小正圆(直方向偏长,孔雀头部的位置),效果如图 M3－A3－2(b)所示。

模块三　Photoshop 常用工具应用(二)

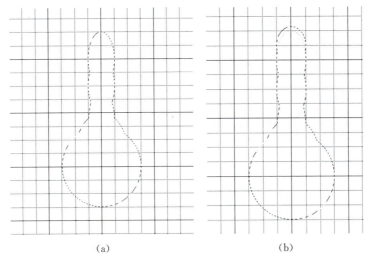

图 M3-A3-2

3. 用吸管吸取样图中的颜色,渐变(淡蓝色至深蓝色)填充孔雀身躯,如图 M3-A3-3(a)所示。

4. 新建图层,用三角形工具,工具属性栏为"填充"。绘制一个三角形,将三角形垂直翻转并调整位置和大小,完成孔雀的小尖嘴,如图 M3-A3-3(b)所示。

5. 绘制眼睛。新建图层,命名为"左眼",用铅笔工具(大小为 2 像素,硬度偏高或根据需要调整)绘制出眼睛、眼珠。复制该层,命名为"右眼",按[Ctrl]+[T]键移动到右眼的位置。执行主菜单"编辑"→"变换"→"水平翻转",效果如图 M3-A3-3(c)所示。

6. 绘制羽毛。新建图层,命名为"左羽毛",颜色淡蓝色,用画笔工具(大小为 25~30 像素,硬度 20%或根据需要调整)画出孔雀身体周围的羽毛。复制左羽毛层,按[Ctrl]+[T]键移动到身体右边位置。执行主菜单"编辑"→"变换"→"水平翻转",得到右侧的羽毛,效果如图 M3-A3-3(b)所示。

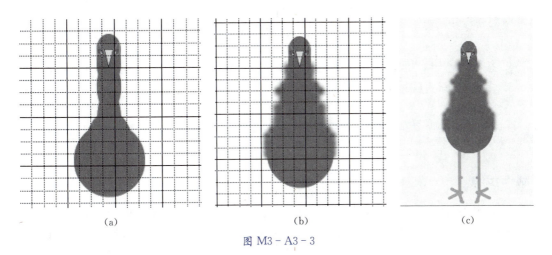

图 M3-A3-3

7. 绘制双脚。新建图层并将该层移到身体层下方,用画笔工具(10 px)画出孔雀的脚和脚掌。再复制出另一只脚的图层,效果如图 M3-A3-3(c)所示。

8. 按[Ctrl]+[E]键组合图层,完成孔雀身躯的绘制。存储为"孔雀身躯.jpg"于模块三素材中。

 做 举一反三 上机实战

任务1 清理草地垃圾(修补工具)

制作步骤

1. 在 Photoshop 软件窗口按[Ctrl]+[O]打开模块三素材文件夹中的"原草地.jpg"。

2. 选择修复工具中的修补工具(适合大面积、不精细的修复),功能属性栏选择"正常"和"源"。

3. 当鼠标出现修补的形状时,框选部分垃圾,如图 M3-R1-1(a)所示。拖到干净的草地处,垃圾处就会变成干净的草地,如图 M3-R1-1(b)所示。

(a)

(b)

(c)

图 M3-R1-1

4. 按[Ctrl]+[D]取消选区。继续上述操作,框选部分垃圾,然后拖到干净的草地处。

5. 多次操作,直到垃圾全被清除,效果如图 M3-R1-1(c)所示。

任务2 田园风光邮票(画笔工具)

制作步骤

1. 参考邮票尺寸(提示:邮票的票幅最经常使用的是 40 mm×30 mm 和 50 mm×30 mm、50 mm×38 mm 等),新建一个 50 mm×38 mm 的文档,背景内容为白色,其他设置默认。

2. 按[Ctrl]+[+]放大显示,复制一个相同的图层。在新图层,找到旧版本画笔中的枫叶、小草等笔刷。选择画笔工具,在功能属性栏中设置笔头大小和硬度。

3. 打开"画笔预设"对话框,换枫叶笔刷,勾选"翻转",可以得到不同的枫叶效果。

4. 保持枫叶笔刷,前景色为橙色,背景色为橙黄色,随意画出一些枫叶。在"画笔预设"对话框中的"画笔"下拉单中,可以改变相关的内容,画出不同形状和颜色的枫叶。

5. 选择小草笔刷,前景色为绿,背景色为黄,画出绿黄相间的小草,不勾选"颜色动态",画出一些绿中带黄的小草。

6. 新建一层(方便修改),再选择绒毛球笔刷,画出一些匍匐在地面上的小草。还可以选择散布叶片笔刷,在空中随意画出一些散布的叶片。参考图 M3-R2-1 的效果。

7. 在背景层将画布增加 1 厘米。将背景层再复制出"背景副本"层。

8. 将"背景副本"层填充一个较深的颜色,如图 M3-R2-2(a)所示。

9. 按[Ctrl],缩览图选中"背景副本"层,再选择橡皮工具,属性栏的画笔大小为 30,硬度为 100%;在"画笔预设"中,间距为 25%～30%,其他不变。

图 M3-R2-1

(a)

(b)

图 M3-R2-2

10. 按住[Shift]键,用橡皮在"背景副本"层沿着图形的周围做直线擦除操作,擦除一周后效果如图 M3-R2-2(b)所示,出现邮票边缘的锯齿效果。

任务 3　看图绘画——交通灯的制作

制作步骤

1. 新建一个 20 cm×10 cm 的文档,背景为白色,其他设置默认。按[F7]键打开图层面板。将背景色填充为"绿色—白色"线性渐变,作为交通灯的底座。

2. 绘制交通灯的外框。新建一个图层命名为"外框",按[Ctrl]+[']显示网格,执行"视图"→"标尺"(或按[Ctrl]+[R]),在工作区拉出两条十字交叉的辅助线。选择矩形选框工具先绘制一个矩形框。按[Alt]键,矩形选框以辅助线为对称线。

3. 功能选项栏选择"添加到选区",使选区相加。按[Shift]+[M]切换到圆形选框工具,在矩形框左右添加两个正圆选区,如图 M3-R3-1 所示。

4. 按[Alt]+[Shift]键,以辅助线为对称轴绘出正圆,用拾色器将前景色改为灰色 RGB(125,125,125)或黑色,用颜料桶填充。按[Ctrl]+[D],取消选择。

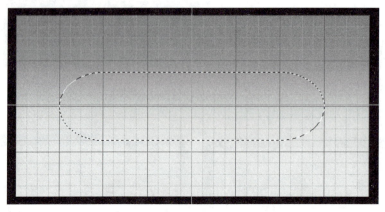

图 M3-R3-1

5. 绘制 3 个交通灯。新建 3 个图层,分别命名为"红色""黄色"和"绿色"(按交通灯的顺序)。按[Ctrl]+[']键显示网格。点击圆形选框工具,按[Alt]+[Shift]键,在正中间拖出一个 65×65(px,以下同)的正圆选区。属性栏的样式中先设置好"固定大小"的数值。

6. 前景色改为红色 RGB(255,0,0),用颜料桶填充。用同样的方法,在黄色层、绿色层分别拖出正圆选区,用颜料桶填充黄色和绿色。

7. 按[Shift]键同时选中 3 层,点击工具箱的"移动"工具后,属性栏的显示状态会改变。选择对齐方式,调整好 3 个灯(间距),效果如图 M3-R3-2(a)所示。

8. 隐藏网格并删除辅助线,效果如图 M3-R3-2(b)所示。保存文档。

模块三　Photoshop 常用工具应用(二)

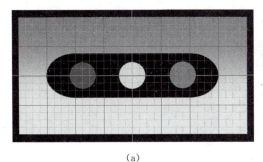
(a)

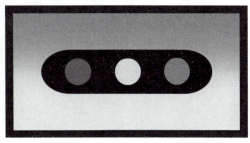
(b)

图 M3-R3-2

知识点拨

➢ 打开拾色器,却改不了前景色和背景色,是色彩模式选为"灰度"了。解决方法:执行"图像"→"模式",改为 RGB 或 CMYK 就可以了。

➢ 选区相加按[Shift]不放,选区相减按[Alt]不放,选区交叉按[Shift]+[Alt]不放。

模块小结

本模块主要学习了 Photoshop 工具栏中一些核心工具的使用。通过几个典型案例的实战操作,练习灵活使用这些工具,引导读者制作简单图形,明确设计的技巧和要素,帮助读者完成一些作品的制作和简单设计。

Photoshop图形图像处理 "教学做" 案例教程

第二篇
技能提高

模块四 图层知识和应用

图层是 Photoshop 的核心功能之一，几乎所有的编辑操作都要以图层为依托。图层就像创建工作流程的构筑块，编辑完的图像通常由多个图层堆叠形成。图层的叠放顺序及混合方式会直接影响图像的显示效果。图层可以单独修改透明度、调色、添加样式等，单独编辑每个图层的图像不会影响其他图层的内容。

 知识要点

- 图层及图层基本操作
- 常见图层分类

4.1 图层及图层基本操作

1. 图层的概念

图层就像一张张叠在一起的胶片，最上层的图像挡住下面的图像，使之看不见。上层图像中没有像素的地方为透明区域，通过透明区域可以看到下一层的图像。图层是相对独立的，在一个图层编辑时，不影响其他图层。更改图层的顺序和属性，可以改变图像的合成效果。调整图层、填充图层和图层样式选择等特殊功能，可用于创建复杂的图像效果。

2. 图层基本操作

新建一个图像文件时，系统会自动在新建的图像窗口中生成一个图层，可以使用绘图工具在图层上绘图。由此可以看出，图层是用来装载图像的，它是图像的载体，没有图层，图像无法存在。

（1）新建图层　方法有：
- 主菜单栏，执行"图层"→"新建"→"图层"。
- 点击图层面板下方的"创建新图层"按钮。
- 按组合键[Shift]+[Ctrl]+[Alt]+[N]。
- 按住[Alt]键，点击"新建图层"按钮，弹出"新建图层设置"对话，新建图层的同时可以命名图层。

(2) 全选图层　主菜单执行"选择"→"所有图层"命令,或按组合键[Alt]+[Ctrl]+[A],背景层不参与操作。

(3) 图层多选　方法有：
- 间隔多选图层：先选一层,按[Ctrl]后,逐个点击图层面板上的其他图层。
- 连续多选图层：先选一层,按[Shift]后,点击图层面板的另外一端的图层。
- 在工作区框选多个图层：按[Ctrl]后,在工作区框选一个范围,框中的对象对应的图层都会被选中。
- 在工作区逐个选多个图层：按[Ctrl]后,先选一个,再按组合键[Ctrl]+[Shift],逐个点击工作区中的其他图层(不能勾选"自动选择")。

(4) 图层排列　方法有：
- 主菜单执行"图层"→"排列"命令,再选择上移、下移等操作。
- 按组合键[Ctrl]+[[],选中图层向下移动一层。背景层不参与操作。
- 按组合键[Ctrl]+[]],选中图层向上移动一层。背景层不参与操作。
- 按组合键[Ctrl]+[Shift]+[[],选中图层调至图层最下方,但在背景层上方。
- 按组合键[Ctrl]+[Shift]+[]],选中图层调至图层最上方,背景层不能上移。

(5) 复制图层　方法有：
- 主菜单执行"图层"→"复制图层"命令,打开"复制图层"对话框,可以命名后再确定。
- 按[Alt],拖动图层,可选择多个图层拖拽复制。
- 点击需要复制的图层,拖拽到图层面板下方"创建新图层"按钮上。
- 选中需要复制的图层,按组合键[Ctrl]+[J]快速拷贝图层。拷贝出来的图层在被拷贝图层上面。多个图层同时用组合键[Ctrl]+[J]快速拷贝。
- 点击需要复制的图层,主菜单执行"图层"→"新建"→"通过拷贝图层"操作。

(6) 删除图层　方法有：
- 选中需要删除的图层,点击图层面板下方的"删除图层"按钮。
- 右击需要删除的图层,选择"删除图层"。
- 将需要删除的图层直接拖拽到图层面板下方的"删除图层"按钮。
- 选中需要删除的图层,按[Delete]键直接删除。
- 在主菜单栏,执行"图层"→"删除图层"命令,再点击[是]。

(7) 重命名图层　方法有：
- 选中需要重命名的图层,在主菜单执行"图层"→"重命名图层",再输入图层名。
- 双击需要重命名的图层,再输入图层名。

(8) 合并图层　方法有：
- 在主菜单执行"图层"→"合并可见图层"命令。
- 在图层面板中,右击需要合并的图层,选择"向下合并"或"合并可见图层"。
- 选中图层,按组合键[Ctrl]+[E]快速向下合并图层。

（9）隐藏/显示图层　方法有：
- 在主菜单执行"图层"→"隐藏图层"命令；隐藏的图层再执行"图层"→"显示图层"命令可显示出来。
- 在图层面板中，选择一图层，点击"眼睛"按钮，可以隐藏和显示图层。
- 在图层面板中，右击"眼睛"按钮，在弹出的快捷菜单中，选择"隐藏本图层""显示本图层""显示/隐藏所有其他图层"。

（10）图层编组　方法有：
- 主菜单执行"图层"→"图层编组"命令，或按图层面板下方按钮"创建新组"，或按组合键[Ctrl]+[G]。
- 将图层移入或移出图层组：直接拖拽图层，将其移入或移出图层组。
- 取消图层组：选择图层组，主菜单执行"图层"→"取消图层编组"命令；在图层面板中，右击图层组选择"取消图层编组"。

（11）图层载入选区　方法有：
- 按[Ctrl]键，点击图层上的"图层缩览图"，载入本层的图像选区。
- 按[Ctrl]+[Shift]键，点击对应"图层缩览图"，多个图层载入选区。
- 如果已经选择多处选区，按[Ctrl]+[Alt]键，点击对应"图层缩览图"，减选本层选区。

4.2　常见图层分类

（1）背景图层　一般是新建的图层，或刚打开的图层。

（2）普通图层　一般由图像层、空白层、背景层解锁得到，有时也由智能对象、文字图层和形状层栅格化得到。

（3）智能对象图层　在普通图层上右击，选择"转换为智能对象"后，普通图层就成为智能对象图层。普通图层和智能对象图层主要有如下区别：
- 智能对象图层中的内容缩小、放大后依然保持原图的清晰度和品质。
- 图层变形或者透视后，按回车键确定。再使用自由变换工具时，自由变换的选框会有不同。
- 使用调色工具或者各种滤镜时不同。使用普通图层调色，如果想重复调整，最好使用调整图层；而智能对象图层可以直接使用调整命令，而且会在图层下方形成智能滤镜。所有的调整命令作用在智能滤镜上，所有的编辑命令也作用在智能滤镜上，共用智能滤镜那一个蒙版。
- 从普通图层转换到智能对象图层，从文字图层转换到智能对象图层，从形状转换到智能对象，从组转换到智能对象，都能双击智能对象层打开新的文件重新编辑原来图层性质，保存后可以替换结果。

知识巩固 案例演示

演示案例1 绘制奥运五环(多图层操作)

演示步骤

1. 启动 Photoshop 软件,打开模块四素材中的参考图"奥运五环.jpg",如图 M4-A1-1 所示。奥运五环上方3个圆环依次为蓝色、黑色、红色,下方两个圆环依次为黄色、绿色。

2. 新建一个画布为长方形的文档,文档的设置如图 M4-A1-2 所示。

图 M4-A1-1

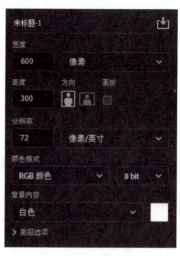

图 M4-A1-2

3. 执行主菜单"视图"→"显示"→"网格",显示网格。或者按[Ctrl]+[']快速显示隐网格。在主菜单执行"编辑"→"首选项",找到"参考线、网格和切片",可以修改网格大小和网格线的颜色等,如图 M4-A1-3 所示。

4. 按[F7]显示图层面板,新建图层并命名为"蓝色"。在画布左上方找一个中心点,按[Shift]+[Alt]键的同时,用椭圆选框拉出一个正圆选区,前景色设置为蓝色 RGB(0,0,255)。按[Alt]+[Delete]键填充椭圆选区。

4. 执行主菜单"选择"→"修改"→"收缩",收缩12个单位(10~12个单位皆可)。接着按[Delete]键删除内部,出现一个蓝色的圆环,确认后按[Ctrl]+[D]取消选区,效果如图 M4-A1-4 所示。

5. 按[Ctrl]+[J]键复制4个圆环,分别将4个层命名为"黑色""红色""黄色""绿色"。针对不同的图层操作,参考奥运五环的效果图。参照网格,调整好各图层圆环的位置。效果参考图 M4-A1-5。

6. 在黑色图层,按[Ctrl]键和黑色图层的缩略图(也称缩览图),填充为黑色 RGB(0,0,0),确认后按[Ctrl]+[D]取消选区。用同样的方法,完成红色、黄色和绿色圆环的填充。效果参考图 M4-A1-6。

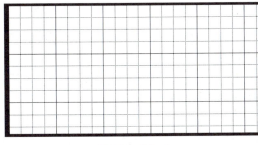

图 M4-A1-3

图 M4-A1-4

图 M4-A1-5

图 M4-A1-6

7. 精准定位5个圆环位置。按[Shift]同时选择"蓝色""黑色"和"红色"3层,再借助功能选项栏的对齐工具,将3个圆环顶部对齐并均匀分布。用同样的方法,将"黄色"和"绿色"圆环对齐。按[Ctrl]+[']快速隐藏网格。效果参考图 M4-A1-7 所示。

8. 完成五环相套的效果。选定"蓝色"层,在蓝-黄交接处,用矩形选框工具(多边形套索工具)选定小部分;然后,按[Ctrl]+[J]复制这小部分并新建一个层,命名为"蓝-复";再将"蓝-复"层拖到黄色层上面(或最上面),确认后按[Ctrl]+[D]取消选区,完成蓝环和黄环相套的效果。用类似的方法,完成其他圆环相套。最终效果如图 M4-A1-8 所示。

9. 保存文档为"奥运五环.psd"。

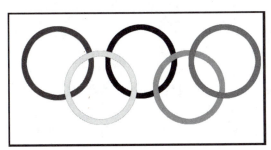

图 M4-A1-7

图 M4-A1-8

演示案例 2　装饰大厅

演示步骤

图 M4-A2-1

1. 启动 Photoshop 软件，打开素材中的"大厅装饰前"，按[Ctrl]+[0]调整到合适大小。按[Ctrl]+[J]复制并命名为"大厅"图层，如图 M4-A2-1 所示。

2. 打开"小红车.psd"文档，按[Ctrl]+缩览图，选定小红车像素。用移动工具，移到"大厅装饰前"的文档中，可关闭"小红车"文档。

3. 在小红车图层按[Shift]键等比例缩放，用移动工具将小红车图移动到合适位置。按回车确定。

4. 制作倒影。在小红车层按[Ctrl]+[J]复制一个小红车副本层，按[Ctrl]+[T]，用自由变换键将小红车向下翻转，效果参考图 M4-A2-2(a)。

5. 在小红车副本层，将不透明度改为30%，实现倒影的效果，效果参考图 M4-A2-2(b)。

(a)　　　　　　　　　　(b)

图 M4-A2-2

6. 双击该图层更名为"倒影"。参考图 M4-A2-3 的设置，执行主菜单"图像"→"调整"→"亮度/对比度"，降低对比度为−20，效果更佳。

7. 双击空白处，打开素材"植物.psd"文件，按[Ctrl]+[T]自由变换，按[Shift]键等比例缩放，如图 M4-A2-4(a)所示。

模块四　图层知识和应用

图 M4-A2-3

8. 将植物移到"大厅"文档,生成的图层命名为"植物"。调整植物至适合的大小和位置。效果参考图 M4-A2-4(b)所示。

(a)　　　　　　　　　　(b)

图 M4-A2-4

9. 选择"大厅"图层,用魔棒工具选择大厅的窗户框,在工具对应的功能栏中设置容差值为 30 左右,选区相加、连续、消除锯齿,如图 M4-A2-5(a)所示。

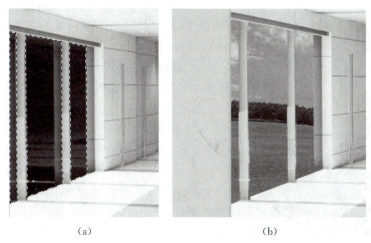

(a)　　　　　　　　　　(b)

图 M4-A2-5

10. 打开本模块素材中的"草地"图片,按[Ctrl]+[A]全选,执行"编辑"→"拷贝";然后,在大厅层,执行"编辑"→"粘贴"→"选择性粘贴"→"贴入",效果如图 M4-A2-5(b)所示。

11. 再用移动工具调整窗外草地的大小和位置。不透明度改为 80%,该图层更名为"窗外"。点击图层面板的右上角,在弹出的快捷菜单中选择"合并可见图层"。存储为"大厅装饰后.psd"。效果参考图 M4-A2-6。

图 M4-A2-6

演示案例3　制作国风红灯笼

演示步骤

图 M4-A3-1

1. 启动 Photoshop 软件,新建一个大小约为宽 20 厘米、高 15 厘米的文档,背景填充为红色,显示辅助线,定好中心位置。

2. 新建一个图层,选择椭圆选框工具。按[Alt]键在中心绘制一个椭圆选区,用渐变填充工具填充选区。渐变编辑器的设置参考图 M4-A3-1。

3. 填充时,鼠标水平方向拉动,填充后效果参考图 M4-A3-2(a)。按[Ctrl]+[D]键取消选择。

4. 按[Ctrl]+[J]键复制图层,按[Ctrl]+[T]自由变换,按[Ctrl]键将图形向中间缩放变化,效果如图 M4-A3-2(b)所示。

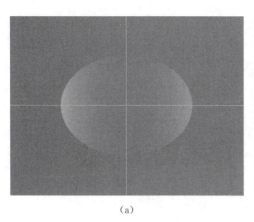 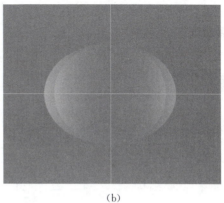

(a)   (b)

图 M4－A3－2

5. 再按[Ctrl]＋[J]键复制图层,按[Ctrl]＋[T]自由变换,按[Ctrl]键将图形向中间缩放变化,达到如图 M4－A3－3 所示的效果。

6. 按[Shift]键配合选定各个新图层(背景层不选),按[Ctrl]＋[E]键合并图层,背景层填充为白色,如图 M4－A3－4(a)所示。

7. 新建图层。在椭圆上方,按[Alt]键用矩形选框工具绘制一个小的矩形选区,填充为红色矩形,效果参考图 M4－A3－4(b)。

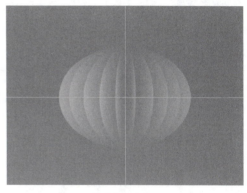

图 M4－A3－3

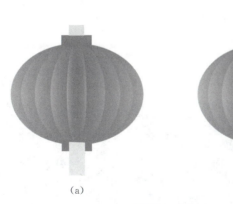

(a)   (b)

图 M4－A3－4

8. 按[Ctrl]＋[J]键复制矩形图层,按[Shift]键将矩形向下移动到椭圆的下方。

9. 新建图层,按[Alt]键用矩形选框工具,在上方再绘制一个小的矩形选区,填充为黄色矩形,效果参考图 M4－A3－4(a)。

10. 复制黄色矩形图层，将矩形向下移动到椭圆下方，按[Ctrl]+[T]自由变换，调整黄色矩形的高度。再复制黄色矩形图层，按[Ctrl]+[T]自由变换，调整黄色矩形为细长的线型。

11. 将长形的黄色矩形图层移到椭圆图形的下方，使下方的红色矩形正好显示在前面。中国风灯笼制作完成，最终效果参考图 M4-A3-4(b)。

12. 保存为"国风红灯笼.psd"。

 做 举一反三 上机实战

任务 1 手镯相扣效果(多图层操作)

制作步骤

1. 启动 Photoshop 软件，打开模块四素材中的"一对手镯.jpg"，如图 M4-R1-1 所示。
2. 将素材中的两个手镯分别置于两层。

➢ 选择魔棒工具，对应属性"容差 50"，"连续"不勾选。先用魔棒工具选择黑色区域，执行主菜单"选择"→"反选"或按组合键[Shift]+[Ctrl]+[I]将两手镯反选定。

➢ 执行主菜单"图层"→"新建"→"通过拷贝的图层"，或按[Ctrl]+[J]键，可以将两手镯复制到新图层 1。

➢ 在图层 1，用矩形(或圆形)选框工具框选右边的手镯，主菜单"图层"→"新建"→"通过剪切的图层"，或按[Shift]+[Ctrl]+[J]，可以将右边的手镯移到图层 2。这样图层 1 只有左边的手镯，图层 2 只有右边的手镯。

➢ 背景为当前层，在背景层将画布宽高均放大 5 厘米，如图 M4-R1-2 所示。再将背景层填充为蓝色 RGB(0,0,255)。

图 M4-R1-1

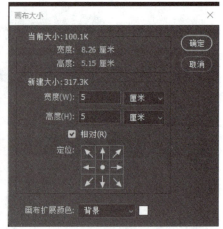

图 M4-R1-2

3. 两个手镯的相扣。
- 按[Shift]键同时选择图层 1 和 2,将两手镯移动到画布(工作区)的合适位置。
- 单击图层 2,将右边手镯移到左边手镯上面,如图 M4-R1-3(a)所示。
- 在图层 2 用多边形套索工具,套选一小块,如图 M4-R1-3(a)所示。按[Shift]+[Ctrl]+[J]键,剪切这一小块,产生的新层命名为"2-1"。
- 将 2-1 层移到图层 1 的下面,按[Ctrl]+[D]取消选择,完成一个套环效果,如图 M4-R1-3(b)所示。

 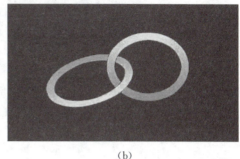

(a)　　　　　　　　　　　　　　(b)

图 M4-R1-3

4. 3 个手镯的相扣。

(1) 在图层 1 按[Ctrl]+[J]键复制图层 1 并命名为"图层 3",将图层 3 移动到最上方。用移动工具将图层 3 的手镯移到右上方,如图 M4-R1-4(a)所示。

(2) 在图层 3 用多边形套索工具,套选一小块,如图 M4-R1-4(b)所示,按[Shift]+[Ctrl]+[J]键,剪切这一小块到新层,产生的新层可命名为"3-1"。

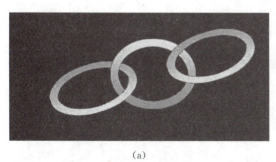 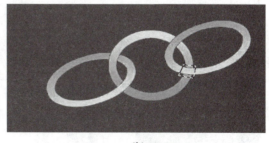

(a)　　　　　　　　　　　　　　(b)

图 M4-R1-4

(3) 将 3-1 层移到图层 2 的下面,按[Ctrl]+[D]取消选择,完成另一个套环,效果如图 M4-R1-5 所示。

5. 合并可见图层,完成制作,保存为"手镯相扣.psd"。

图 M4－R1－5

任务 2　电视屏幕补充内容（图层内容粘贴入操作）

制作步骤

1. 打开模块四"客厅电视"素材，按[Ctrl]+[0]调整窗口为最佳，如图 M4－R2－1 所示。网上搜索一张"电视节目"素材。

2. 打开"电视节目"素材，选择魔棒工具，对应属性"容差 50"，"连续"不勾选。按[Ctrl]+[A]全选，执行主菜单"编辑"→"拷贝"，或者[Ctrl]+[C]。

3. 在"客厅电视"文档中，用快速选择工具，执行主菜单"编辑"→"选择性粘贴"→"贴入"。

4. 按[Ctrl]+[T]，配合[Shift]键调整粘贴入"电视节目"的大小和位置。效果如图 M4－R2－2 所示。

5. 点击图层面板的右上角，合并图像。存储为"电视有内容.jpg"。

图 M4－R2－1

图 M4－R2－2

6. 参考上述操作,完成人物换衣服操作。
> 打开"布料"和"女孩",将两文档窗口处于浮动状态,略放大,如图 M4-R2-3 所示。

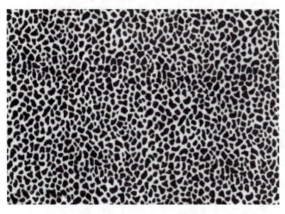

图 M4-R2-3

> 选择快速选择(或魔棒)工具,选择女孩衣服,放大图像,利于选取。
> 在布料文档中,按[Ctrl]+[A],再按[Ctrl]+[C]。
> 在"女孩"文档窗口,执行主菜单"编辑"→"选择性粘贴"→"贴入",女孩衣服就换好了。
> 执行"图像"→"图像旋转"→"水平翻转",效果如图 M4-R2-4 所示。

图 M4-R2-4

任务3　图纸卷边效果

制作步骤

1. 在 Photoshop 软件窗口打开模块四素材中的"卷边操作"图片,按[Ctrl]+[0],图像缩放到最适合的大小,如图 M4－R3－1 所示。

图 M4－R3－1

2. 新建图层。在新建的图层1,用矩形选框工具拉出一个矩形区域。选择渐变填充,弹出"渐变编辑器"对话框,色标设置"灰-白-灰"。在矩形选区中按[Shift]填充,产生对称渐变的效果。按[Ctrl]＋[D]取消选定,如图 M4－R3－2(a)所示。

3. 在图层1执行主菜单"编辑"→"变换"→"透视",移动成锥形,回车确认,如图 M4－R3－2(b)所示。

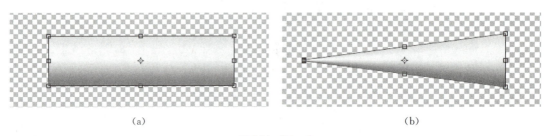

(a)   (b)

图 M4－R3－2

4. 在图层1用移动工具将锥形移到图形的右下角,执行主菜单"编辑"→"变换"→"旋转"。结合键盘上的方向键微调,还可以用[Ctrl]＋[T]自由变换,调整锥形大小。

5. 在背景层,用多边形套索工具选择图片右下角需要删除的部分(去除图片右下角的文字),按[Delete]删除。

6. 在图层1锥形尾部,再用椭圆选框工具(属性栏的羽化值为0)拉出一个小椭圆选区,按[Delete]删除。右下角出现卷边效果,如图 M4－R3－3 所示。

模块四　图层知识和应用

图 M4-R3-3

知识点拨

全选图层的组合键[Ctrl]+[Alt]+[A]与 QQ 的截图快捷键相同。有的组合键可能与其他软件的快捷键冲突。

模块小结

本模块学习了图层知识，应用图层对图像进行了编辑与修饰。Photoshop 在处理图片或者设计作品过程中，需要许多图层，针对每一层独立做不同的修饰、不同的处理，各层的修饰就能实现整体效果。显然，Photoshop 通过图层处理才能获得优秀的作品。

模块五 钢笔工具和路径

钢笔工具属于矢量绘图工具,其优点是可以勾画平滑的曲线,绘制的线条在缩放或者变形之后仍能保持平滑效果。钢笔工具画出来的矢量图形称为路径。创造路径后,还可再编辑。钢笔工具以其精准的路径绘制能力,成为设计师们处理图像的得力助手。无论是创建复杂的图形、调整图像轮廓,还是高级选区操作,钢笔工具都游刃有余。

知识要点

- 位图与矢量图
- 钢笔工具组(P)
- 路径选择和路径修改
- 钢笔工具抠图

5.1 位图与矢量图

在计算机设计领域,图形图像分为两种类型,即位图和矢量图。这两类图都有各自的特点。

1. 位图

位图是通过像素点来记录图像的,又叫像素图、点阵图。位图可以记录每一个点的数据信息,不同的点组合在一起成为一幅完整的图。位图适合表示色彩丰富、曲线复杂的图像,因而可以精确地制作出色彩丰富的图像,可以逼真地表现自然界的景象,达到照片般的品质。

从宏观效果上看,位图就是一幅完整的图像。一幅图像通常由许多纵横排列的像素组成,单位面积所含像素越多,图像的效果就越好。Photoshop是目前最常用的位图图像处理软件。由于它所包含的像素数目是一定的,将图像放大到一定程度时会出现马赛克现象,图像失真,边缘会出现锯齿。例如,从Photoshop软件主窗口打开模块五素材中的一张图片"熊猫.jpg",按[Ctrl]+[+]放大后,明显出现马赛克现象,如图M5-1所示。

(a)   (b)

图 M5-1

2. 矢量图

  矢量图和位图的成形方式完全不同。矢量图是通过多个对象组合生成的,是用包含颜色和位置属性的点和线来描述的图像。其中每一个对象的记录都是以数学函数来实现的,也就是说,矢量图形实际上并不是像位图那样记录画面上每一点的信息,而是记录了元素形状及颜色的算法,也称为向量式图形。这类对象的线条非常光滑、流畅,无限放大、缩小、旋转后不会失真,但不宜制作色调丰富或色彩变化太大的图形,无法像位图那样精确描画绚丽图像。适合表示色彩较少、以色块为主、曲线简单的图像。矢量图文件小,即使对画面进行倍数相当大的缩放,也不会影响图形的质量,其显示效果仍然相同(不失真),如图 M5-2 所示。

(a)   (b)

图 M5-2

3. 矢量图和位图各自的优点

位图的优点是色彩变化丰富,可以改变形状区域内的色彩显示效果。相应地,图像文件变大后,要实现较好的效果,需要的像素点就较多。矢量图的优点是轮廓的形状更容易修改和控制,但是对于单独的对象,色彩上的变化不如位图直接、方便,并且矢量图查看起来不如位图方便。

5.2 钢笔工具组(P)

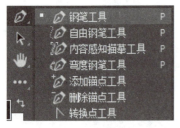

图 M5-3

钢笔工具组的快捷键是[P],图 M5-3 所示是钢笔工具组的所有工具。钢笔工具组中应用较多的是钢笔工具;自由钢笔工具在后续的案例中会用到;如果钢笔工具组中没有显示内容感知描摹工具,按[Ctrl]+[K]打开首选后,点开"技术预览",再勾选"内容感知描摹工具",就能在工具栏的钢笔工具组中显示。内容感知描摹工具是在 Ps 2022 版中才有的。

5.2.1 钢笔工具的使用

钢笔工具可以绘制形状,也可以绘制路径。使用钢笔工具时,在对应的属性栏选择"形状"可以完成形状的绘制,选择"路径"可以完成路径的绘制。

1. 绘制形状

在工具栏中,选择钢笔工具(通常显示为钢笔尖形状),属性栏选择"形状"。在文档中点击几个不同的位置,可以很方便地得到任意的形状,如图 M5-4 所示。按[Ctrl]键在空白处点击,强制结束钢笔工具的操作。同时图层面板中,也会显示出不同形状对应的图层。

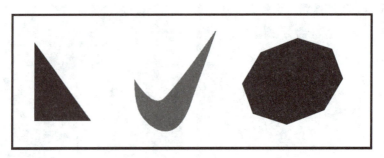

图 M5-4

2. 绘制路径

(1) 路径的概念　用钢笔或自由钢笔工具描绘出来的线或形状。路径是矢量,不含具体的像素。Photoshop 的矢量图有路径和文字层两类。路径是创建各选区最灵活、最精确的方法之一。

> 路径就是用一系列锚点连接起来的线段或曲线,可以沿着这些线段或曲线进行填充,还可以转换为选区。
> 路径的基本元素。路径分直线路径和曲线路径。直线路径由锚点和路径组成,曲线路径相对直线路径而言只是多一个控制手柄,拖动它可以调整路径的弧度。
> 路径允许是不封闭的开放状,如果把起点与终点重合绘制,就可以得到封闭的路径。

(2) 绘制直线路径　用钢笔工具在画布上点击鼠标左键,即可开始绘制路径;在画布中点击几个不同的位置,可以很方便地得到任意的直线路径,如图 M5-5 所示。按[Ctrl]键在空白处点击,强制结束钢笔工具的操作。按住[Shift]键可以绘制出水平、垂直或 45°角的路径段。

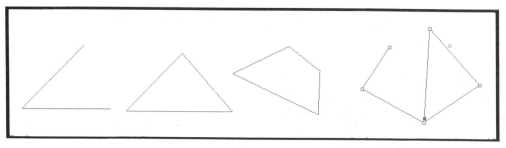

图 M5-5

路径有开放路径和闭合路径。如果路径需要封闭(图示的三边形和梯形),从第一点创建,绕一圈后回到起点。鼠标回到起点时在鼠标尾部出现小圆后,点击起点处,路径就可以封闭。

(3) 绘制曲线路径　在钢笔工具绘制路径时,在画布左边点击一下,再移到画布右边点击。此时,按住鼠标不要放开,鼠标向下滑动,路径会向鼠标滑动的反方向形成弧线,如图 M5-6(a)所示。再按[Ctrl]键在空白处点击,形成图 M5-6(b)所示的弧形路径。

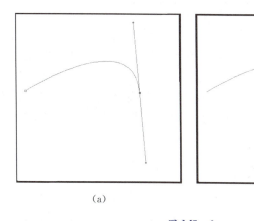

图 M5-6

通常需要用钢笔工具绘制不同的曲线路径。在上述操作中,在第二个锚点不结束,继续向右上移动鼠标后再向上滑,又会出现向下的弧线路径,如图 M5-7 所示。要绘制出理想的曲线路径,需要反复练习,熟能生巧。

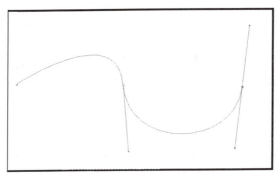

图 M5-7

3. 锚点和控制杆(控制柄)

使用钢笔工具时,每点击一次都会创建一个锚点,并自动连接前一个锚点,形成形状或路径。如图 M5-8 所示,是钢笔工具绘制路径时显示的锚点和控制杆。

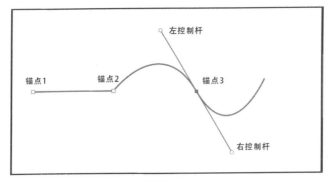

图 M5-8

曲线路径有控制杆,直线路径没有控制杆。通过拖动锚点上的方向控制柄,可以调整曲线的形状和弧度。曲线路径的每个锚点都有两个控制杆。如果要调锚点左边的弧线路径,那就移动左边控制杆;如果要调右边路径的曲线,那就移动右边的控制杆。图 M5-8 中调整锚点 3 的左控制杆,可以改变左边曲线的形状和弧度,调整锚点 3 的右控制杆,可以改变右边曲线的形状和弧度。

5.2.2 钢笔工具属性栏的设置

1. 钢笔工具"路径"对应的属性栏

当钢笔工具属性栏选择"路径"时,对应的属性栏如图 M5-9 所示。

图 M5-9

- 建立对应的选区,表示由路径建立选区;或者按[Ctrl]+回车键,可以快捷地将路径转为选区。
- 路径建立形状。当绘制形状的时候没有切换,而是处于"路径"状态,那么建好路径以后,可以点一下功能属性栏"建立"选项中的形状,路径就会快捷地变成形状。
- 在功能属性栏的"齿轮"按钮处点击,打开设置框,如图 M5-10 所示。可以设置路径的粗细和颜色,特别要提醒的是:勾选"橡皮带"选项,使用钢笔工具的时候会显示出鼠标移动时的参考线条(路径)。有线条的跟随,方便达到效果,在抠图、描图、创建形状时都需要勾选"橡皮带"。

2. 钢笔工具"形状"对应的属性栏

当钢笔工具属性栏选择"形状"时,对应的属性栏如图 M5-11 所示(分两段显示)。

图 M5-10

图 M5-11

- 钢笔工具在"形状"模式下,主要用于创建图形,有填充、描边等。
- 形状设置下拉有6项,如图 M5-12 所示,默认是新建图层,不同的选项效果不同。
- 勾选"自动添加/删除"选项,操作时鼠标指向某处就可以快捷地添加或删除锚点。
- 勾选"对齐边缘",画出来的线条会更清晰。

图 M5-12

5.3 路径选择和路径修改

5.3.1 路径选择

路径选择主要有路径选择工具和直接选择工具,这两种工具在工具箱中的同一组,如图 M5-13 所示。路径选择工具显示为黑箭头,直接选择工具显示为白箭头。

(1)路径选择工具 各个锚点是实心的,不便具体修改,可

图 M5-13

以整体移动路径。

(2) 直接选择工具　各个锚点是空心的,允许直接编辑路径上的锚点和操作柄,从而具体地调整路径的形状。

5.3.2 路径修改

1. 直线路径和曲线路径的转换

(1) 一段直线路径的转换　按[Ctrl]键,用鼠标选择直线路径。在路径的中间右击鼠标选择"添加锚点",如图 M5-14(a)所示。再用钢笔工具组的"转换点工具"(图 M5-3),当鼠标出现尖角形状时([Alt]键配合也会出现尖角形状),按住鼠标左键移动鼠标,此时会出现控制柄,如图 M5-14(b)所示。调节控制柄可以将直线改变为曲线,效果如图 M5-14(c)所示。

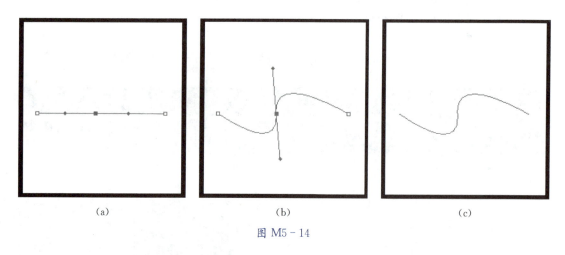

图 M5-14

(2) 多段折线路径的转换　操作和一段直线路径的转换类似,需要分段操作。选择工具箱中的"直接选择工具"(或按[Ctrl]键),用鼠标点击折线路径,显示出锚点,如图 M5-15所示;再用"转换点工具",在某个锚点按住鼠标左键移动鼠标,此时会出现控制柄,调节控制柄可以转换成所要的曲线路径,如图 M5-16 所示。重复不同线段路径的操作,最终效果参考图 M5-17。

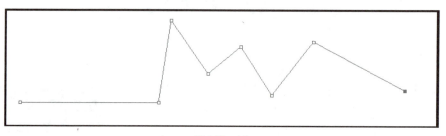

图 M5-15

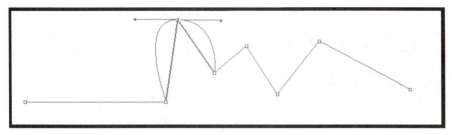

图 M5-16

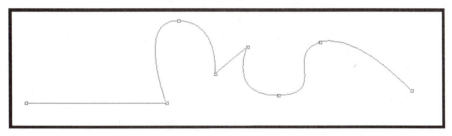

图 M5-17

2. 路径的连接

如果路径断开了可以再连接。将鼠标移到路径的连接处,当鼠标尾部出现方块加两个线段的形状时,点击路径的连接处,就可以继续路径的编辑,从而实现路径继续和路径连接的操作。

3. 路径转换为选区

➢ 使用工具箱中黑箭头的路径选择工具,选中路径,切换到钢笔工具;在功能属性栏中点击"建立"中的"选区",会弹出"建立选区"对话框,如图 M5-18 所示。确定后,路径周围会出现蚂蚁线,即路径转换为选区了。

➢ 按[Ctrl]键选中路径,右击选择"建立选区"。

➢ 直接按[Ctrl]+[Enter]键,快速转换为选区。

➢ 打开"路径面板",如图 M5-19 所示,点击路径面板下方的第三个按钮"将路径作为选区载入"。

图 M5-18

图 M5-19

图 M5-20

4. 路径保存

制作完成的路径需要保存,下次启动路径时方便使用。打开路径面板,可看到工作路径。工作路径是没有保存效果的,需要双击"工作路径"的图层,弹出存储路径对话框,如图 M5-20 所示,确定后可以存储路径,下次启用软件时,还可以找到路径。

5.4 钢笔工具抠图

路径抠图是钢笔工具主要应用之一,是精确且有效的抠图工具。使用钢笔工具抠图需要知道一些注意事项和反复操作练习。

1. 抠图前期设置
- 钢笔工具属性栏一定是在路径状态下。
- 在属性栏的"路径"选项,勾选第五项"排除重叠形状",如图 M5-21 所示。

图 M5-21

- 勾选路径选项"橡皮带",如图 M5-22 所示,可以帮助抠图时预判下一个点的位置。

图 M5-22

2. 抠图时注意点
- 如果还需要修改,可以按[Ctrl]键点击路径;当出现锚点时,在锚点处,调节控制柄修改路径。
- 如果控制杆太长,会影响下一个点的路径操作。此时按住[Alt]键,当鼠标出现尖头的时候点击,把这个控制杆删掉。

➢ 锚点的定位一般是在最凹点和最凸点，有利于路径与物体的吻合。
➢ 为避免抠到背景，需要放大图像，检查路径是否在物体的内边缘。如果出现在外边缘，需要修改。
➢ 抠图完成后，使用上述路径变为选区的方法，将图形选中。

3. 抠图效果

（1）直线路径抠图　包装盒的抠图路径为直线，操作相对简单，效果如图 M5 - 23 所示。

(a)　　　　　　　　　　　　(b)

图 M5 - 23

（2）曲线路径抠图　有曲线路径边缘的物品有水果、耳机、球类、小船、小车和人物等。例如，制作苹果从树上掉落的效果，可参考如下步骤：

➢ 打开模块五素材中的"苹果树.jpg"和"苹果.jpg"，两个文档都按[Ctrl]+[J]复制新图层，如图 M5 - 24 所示。

图 M5 - 24

➢ 选择钢笔工具且对应的工具属性栏选择"路径"，以苹果轮廓任意一处作为起点。按

[Alt]键缩短操作杆,如图 M5-25(a)所示。同时,按[Ctrl]+[+]或[Ctrl]+[-]放大或缩小图片,按空格键变成"手形",移动图片。
➤ 钢笔路径形成闭环后,按[Ctrl]+[Enter]将路径转为选区,效果如图 M5-25(b)所示。
➤ 在当前层复制,新建一层命名为"苹果1",粘贴,完成苹果抠图。

(a) (b)

图 M5-25

➤ 将新图层中的苹果移到苹果树图像中,按[Ctrl]+[T]调整大小和位置。
➤ 在"苹果树"文档中,复制苹果2层、苹果3层,改变苹果2层、苹果3层中苹果的大小和位置;再用模糊工具或减淡工具处理这几个苹果到适合的效果,如图 M5-26 所示。

图 M5-26

➤ 保存为"苹果下落.psd"文档于模块五文件夹中。

篮球装饰书架制作，可参考如下步骤：
- 打开模块五中的篮球图片，如图 M5-27 所示，按[Ctrl]+[J]复制图层。
- 选择钢笔工具且属性栏选择"路径"，精确点选篮球轮廓上任意一处，作为起点，抠取篮球的轮廓。操作过程中为方便定位操作，需要按[Ctrl]+[＋]或[－]放大或缩小图片，按空格键变成"手形"可移动照片。
- 形成闭环后，按[Ctrl]+[Enter]可将路径转为选区。
- 复制图层，新建一层名为篮球后再粘贴，完成篮球抠图。
- 打开模块五素材中的"书架"图片，如图 M5-28(a)所示，将篮球移到书架上，调整并适当作模糊处理。效果如图 M5-28(b)所示。

图 M5-27

(a)

(b)

图 M5-28

知识巩固　案例演示

演示案例 1　特效——山顶有车

演示步骤

1. 在 Photoshop 软件窗口打开模块五素材中的图片"小车.jpg"，如图 M5-A1-1(a)所示。按[Ctrl]+[J]复制新图层。

2. 选择钢笔工具且属性栏选择"路径",以小车的任意一处作为起点,精准点击小车的轮廓抠图。同时,为方便定位,按[Ctrl]+[+]或[-]放大或缩小图片,按空格键变成"手形"移动图片。

3. 形成闭环后,打开路径面板,按[Ctrl]+[Enter]将路径转为选区。

(a)

(b)

图 M5－A1－1

4. 新建一图层。在原图层执行主菜单"编辑"→"拷贝",再到新图层执行主菜单"编辑"→"粘贴",新的图层就有抠出的小车全形(透明图层),如图 M5－A1－1(b)所示。

5. 打开模块五素材中的图片"外景图.jpg",将小车移到外景图中,按[Ctrl]+[T]适当调整小车的大小和位置。效果如图 M5－A1－2 所示。

6. 类似的方法,也可以完成如图 M5－A1－3 所示的特殊效果。

图 M5－A1－2   图 M5－A1－3

演示案例2　单眼皮变双眼皮(钢笔工具及应用)

演示步骤

1. 在软件窗口打开模块五素材"单眼皮"图片,如图 M5－A2－1(a)所示,放大到适合操作的大小,按[Ctrl]+[J]复制背景层备用。

2. 用吸管吸取眼皮靠眼睛内侧周围的颜色，改变前景色。

(a)

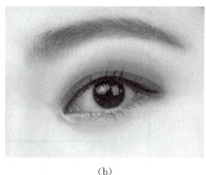
(b)

图 M5 - A2 - 1

3. 选择工具栏中的钢笔工具，在功能属性选择"路径"，沿着眼睛上眼皮的轮廓拉出弧线，如图 M5 - A2 - 1(b)所示，按[Ctrl]+[Enter]将路径转为选区。

4. 选择工具栏中的加深工具，慢慢涂抹，设置笔头为 20~30 px，曝光度为 20%，范围"中间调"不改，在眼皮上框选的内容上继续慢慢涂抹到颜色深点。按[Ctrl]+[H]将上眼皮的外框隐藏，方便观察涂抹后的效果，如图 M5 - A2 - 2(a)所示。

5. 再按[Ctrl]+[H]将选框调出，执行主菜单的"选择"→"反选"，曝光度为 20%，笔头也改小点，再用减淡工具在上眼皮周围慢慢涂抹，使上眼皮颜色达到自然的效果。按[Ctrl]+[+]或[Ctrl]+[-]改变大小以方便操作。

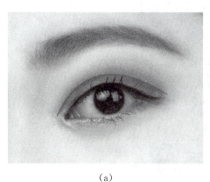
(a)

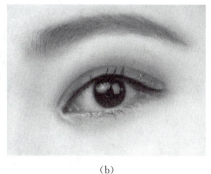
(b)

图 M5 - A2 - 2

6. 若要效果更好，接着操作：
➢ 点击图层面板中的"路径"，点击路径层，调出路径，如图 M5 - A2 - 3 所示。
➢ 继续在这个图层操作，右击"路径"，选择画笔工具将画笔改小到 3 px。
➢ 按[Alt]键，用吸管在眼睛周围吸取较深的颜色。
➢ 新建图层，用钢笔工具，在新图层，按[Ctrl]框选路径，右击选"描边子路径"，工具选择"画笔"，勾选"模拟压力"，如图 M5 - A2 - 3 左下角，确定。

7. 按[Ctrl]+[H]隐藏路径,观察效果,直到双眼皮效果完美。

图 M5－A2－3

演示案例3　绘制小鸟轮廓路径(考证真题)

演示步骤

1. 启动 Photoshop 软件,新建一个文档,文档的设置如图 M5－A3－1 所示。

图 M5－A3－1

2. 打开模块五素材中的"小鸟.webp",选择自由钢笔工具,功能选项栏为"路径",启用磁性钢笔选项,如图 M5－A3－2 所示。

图 M5－A3－2

3. 将小鸟的外轮廓绘制成一个封闭的路径，腿部和爪部不用绘制，如图 M5－A3－3 所示。

图 M5－A3－3

4. 在工具箱中选择路径选择工具，将绘制的路径移至步骤 1 新建的文档中，并复制一个新的路径，分别放置在左右两侧，如图 M5－A3－4 所示。

图 M5－A3－4

图 M5－A3－5

5. 将前景色设置为蓝色，填充路径 1，使用毛笔工具绘制白色圆点，作为小鸟的眼睛；将前景色设置为黄色，填充路径 2，使用毛笔工具绘制红色圆点，作为小鸟的眼睛；用黑色画笔描边路径，最终效果如图 M5－A3－5 所示。

6. 执行主菜单"文件"→"存储为"，保存为"绘制小鸟轮廓路径.psd"。

 举一反三　上机实战

任务 1　人和物移入海景（钢笔工具抠图）

制作步骤

1. 打开模块五中的"小朋友.jpg"图片，如图 M5－R1－1(a)所示。按[Ctrl]＋[J]复制新图层。

2. 选择钢笔工具且功能属性栏选择"路径",以任意一处作为起点,精确点选小朋友的轮廓。如果弧线不到位,为方便定位操作,按[Ctrl]+[＋]或[－]放大或缩小图片,按空格键变成"手形"移动照片。

3. 抠图形成闭环后,按[Ctrl]+[Enter]将路径转为选区。

4. 在当前层复制,新建一层,名为"小朋友",粘贴,完成人物抠图。

5. 打开模块五中的"海边"图片,将人物抠图移到海边,调整大小和位置,可适当模糊处理,效果如图 M5－R1－1(b)所示。

(a)

(b)

图 M5－R1－1

6. 将素材中的"小红车"抠图移至海边,效果如图 M5－R1－1(b)所示。

7. 打开模块五中的"海上小船"图片,用钢笔工具对"海上小船"细心抠图,然后移入海景中,参考图 M5－R1－2 的效果。

图 M5－R1－2

任务2　画意荷塘

1. 启动 Photoshop 软件,新建一个 800×800 像素的画布。画布填充为淡绿-深绿径向渐变,填充时,淡色在里。

2. 画一片荷花瓣。新建图层,显示网格,网格设置为子网格4,细微的网格便于操作。借助网格的定位,用钢笔工具绘制一片荷花瓣的轮廓。

3. 荷花瓣填色。按[Ctrl]+[Enter]键,将荷花瓣的钢笔路径转为选区。填充设为渐变色(♯FF00FF—♯FF99FF)。效果参考图 M5 - R2 - 1(a)。

4. 绘制一朵荷花。隐藏网格,复制荷花瓣图层,移动和调整荷花瓣的位置,调整中心位置,改变花瓣的比例,旋转一定的角度。用荷花瓣组成一朵荷花。

5. 合并荷花瓣的图层,命名为"一朵荷花"。再复制这朵荷花,改变大小、角度和位置,再命名为"小朵荷花"。效果参考图 M5 - R2 - 1(b)。完成一朵荷花。用钢笔工具绘制荷花的枝干,颜色深绿。将枝干荷花连接起来。效果参考图 M5 - R2 - 2(a)。

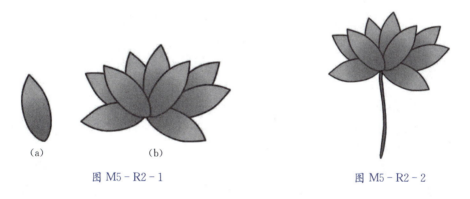

图 M5 - R2 - 1　　　　　　　　　　图 M5 - R2 - 2

6. 绘制荷叶。用钢笔工具绘制荷叶的轮廓。按[Ctrl]+[Enter]键将路径转为选区,填充墨绿色(♯336633)—绿色(♯60EC02)的径向渐变色,中间颜色略淡、周边颜色偏深。效果参考图 M5 - R2 - 3。

图 M5 - R2 - 3

7. 绘制白云、小草、石头及设置背景,调整荷叶的大小和位置。最终效果参考图 M5－R2－4。保存文档。

图 M5－R2－4

任务 3　漂亮帽子(考证真题)

制作步骤

1. 启动 Photoshop 软件,新建一个文档,文档的设置如图 M5－R3－1 所示。

2. 设置前景色为 RGB(207,248,234),按[Alt]＋[Delte]键填充文档。在图层面板中按"创建新图层"按钮新建"图层 1"。

3. 打开模块五素材中的"漂亮帽子.jpg",选择自由钢笔工具,功能选项栏为"路径"。启用磁性钢笔选项,将帽子外轮廓绘制成一个封闭的路径,并保存为"路径 1",如图 M5－R3－2 所示。

图 M5－R3－1

图 M5－R3－2

4. 将路径1移至文档中,如图M5-R3-3(a)所示。

5. 设置前景色为RGB(246,213,38),在路径面板中点击"用前景色填充路径"按钮填充路径,如图M5-R3-3(b)所示。

6. 使用"路径选择工具"选择蝴蝶结路径,设置前景色为黑色,填充路径,如图M5-R3-4所示。

7. 执行主菜单"文件"→"存储为",保存为"漂亮帽子.psd"。

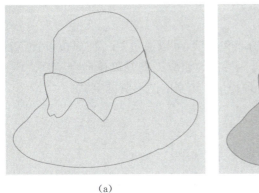
(a)

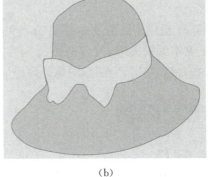
(b)

图 M5-R3-3

图 M5-R3-4

模块小结

本模块学习了钢笔工具、路径和路径选择工具,为图形图像处理技术的提升奠定坚实的基础。

模块六 文字工具和形状工具组

Photoshop 提供了高级文本编辑功能和选项，可以通过"字符"面板设置字符格式。对于更复杂的文本编辑需求，可以通过属性栏中的相应工具或菜单命令实现。Photoshop 形状工具组内容相当丰富，为图形图像处理提供了丰富的图形资源宝藏。

知识要点

- 文字工具(T)
- 形状工具组

6.1 文字工具(T)

图 M6-1

点击工具箱中的 T 字形工具，显示的文字工具组中有横排文字工具、直排(竖排)文字工具、直排文字蒙版工具和横排文字蒙版工具，如图 M6-1 所示。

1. 文字工具对应的功能属性栏

横排文字工具和竖排文字工具对应功能属性栏中的选项非常相似。横排文字工具的工具属性栏如图 M6-2 所示，为 3 行显示。

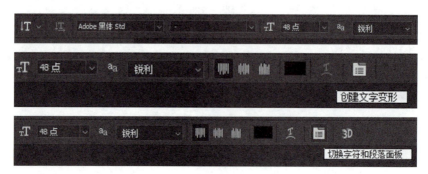

图 M6-2

（1）字体、字号和颜色的设置　点击工具栏中的 T，选择横排文字工具，输入文字，图层面板会出现对应的文字图层。选中文字，可以直观设置文字的字体、字号和颜色等。比如，"平滑"改为"犀利"，能制作出毛刺效果的文字。

（2）创建文字变形　点击属性栏中的"创建文字变形"选项，打开"变形文字"对话框，展开"样式"下拉项，显示出许多种变形文字，如图 M6-3 所示。选用某种变形类型的同时，还可以设置"弯曲""水平弯曲"和"垂直弯曲"等。文字为矢量图形，要作出特殊的色彩效果等，需要栅格化文字。但是，文字图层经"栅格化文字"处理后，属性栏中的"创建文字变形"选项不可用。

（3）字符和段落面板　点击属性栏中的"切换字符和段落面板"选项，打开"字符-段落"面板，如图 M6-4 所示。针对文本的字符段落设置与其他的文本软件类似。特殊的如：

图 M6-3

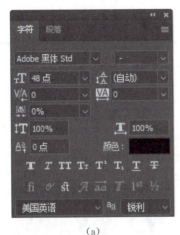
(a)

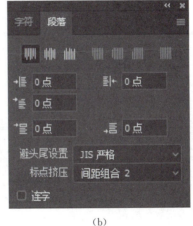
(b)

图 M6-4

- 点击字符和段落面板右上角，展开后在下拉项选择"复位字符"，如图 M6-5 所示，又可以复位到原始状态。
- 针对段落面板中的"避头尾设置"，段落中的标点符号会重新调整，行头和行尾不会出现标点。
- "设置基线偏移"，可以向上向下偏移文字，如图 M6-6 所示。针对有上下标的文字，从文档中粘贴到 Photoshop 的文本选区中，上下标的文字会偏移，还需对面板中的"设置基线偏移"进行相关设置。

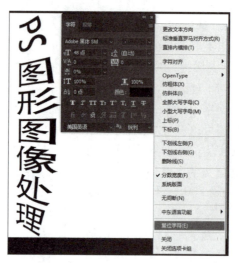

图 M6－5

➢ 在段落面板中的 T 字形设置区域,还可以设置上标、下标、下划线等,如图 M6－7 所示。

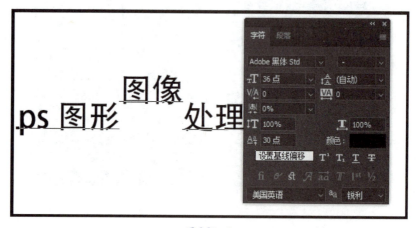

图 M6－6

$$2H^2 + O_2 \longrightarrow 2H_2O$$

图 M6－7

➢ 针对字数较多的文字,比如一段文字,可以在工具栏点按 T 后,在工作区拖出一个文本区域(蚂蚁线区域);将这段文字粘贴到蚂蚁线区域内,再做文字格式的调整和设置。

知识点拨

在印刷工作中,不建议在 Photoshop 软件上直接输入大量的文字。印刷品中文字边缘会有毛边。但喷绘等可以使用,因为喷绘的尺寸比较大,而且一般是远距离观看,毛边视觉不明显。

2. 路径文字操作

所谓路径文字操作,就是沿着不同的路径编辑文字。选择文本工具,将鼠标停在路径上,当光标变成可输入状态,即中间带有一条弯曲的短虚线形状时,如图 M6-8 所示,点击左键;光标垂直定位在路径上,输入的文字就会自动按照路径的形状排列。路径可以是闭合的,也可以是开放的。

(1) 开放路径文字的编辑 先建立一个任意的开放路径并在路径上输入文字,选择"直接选择工具",将鼠标放在文字头部(起始)时会出现一个向右的小三角,此时拖动鼠标可以调整文字的起始位置;将鼠标放在文字最后(终端)时会出现一个向左的小三角,此时拖动鼠标可以调整文字的最后位置,效果如图 M6-9 所示。

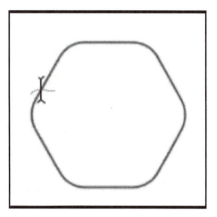

图 M6-8

图 M6-9

(2) 闭合路径文字的编辑 先建立一个任意的闭合路径。用套索工具建立一个闭合的选区,打开路径面板选择最下的"从选区生成工作路径"按钮,将选区生成路径,如图 M6-10 所示。在路径上输入文字,如图 M6-11 所示。选择"直接选择工具",将鼠标定位在文字头部或尾部,可以调整文字的起始位置。

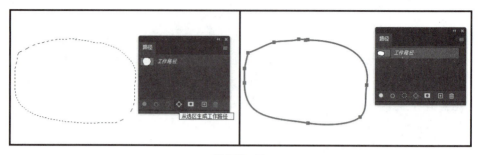

图 M6-10

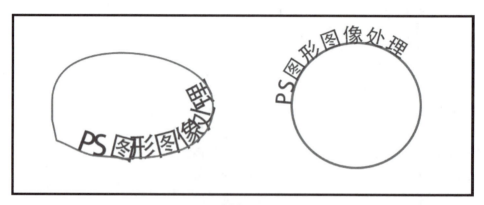

图 M6-11

> **知识点拨**
>
> 闭合路径的创建：可以用钢笔工具绘制，可以用形状工具建立，可以用选区生成路径。

6.2 形状工具组

1. 形状工具的种类

形状工具组的快捷键是[U]。形状工具组是 Photoshop 中最为庞大的工具组，如图 M6-12 所示，主要有矩形工具、椭圆工具、三角形工具、多边形工具、直线工具和自定形状工具 6 种。

（1）矩形工具　用来绘制矩形和正方形。可以通过设置创建不同大小的矩形，通过属性栏的设置还可以创建圆角矩形。

（2）椭圆工具　可以创建圆形和椭圆形。可以按住[Shift]键绘制正圆。

（3）三角形工具　可以创建不同的三角形。

（4）多边形工具　用来绘制多边形。可以通过设置创建不同边数的多边形。

（5）直线工具　用来绘制直线。可以通过设置创建不同粗细和不同线型的直线。

在形状工具对应的功能属性栏,有个"形状运算"项,点开后默认勾选第一项"新建图层",如图 M6－13 所示。

图 M6－12　　　　　　　　　　图 M6－13

（6）自定形状工具　选择自定形状工具,在属性栏上点"形状"设置的倒三角形按钮,在展开的下拉框可以看到各种图形,如图 M6－14(a)所示。各项展开后还有更丰富的内容,如图 M6－14(b)所示,就像是形状大宝库。

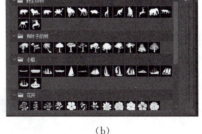

(a)　　　　　　　　　　　　　　　(b)

图 M6－14

自定形状工具有软件自带的形状,扩展名 ＊.csh,也可以载入其他的 ＊.csh 形状文件。点击上图中右上角的"齿轮"按钮,可以自己导入。

Photoshop 2022 版后形状比较少且不实用。在功能选项栏的形状中,点开"形状"选项,只有 4 类形状,可以追加形状。Photoshop 旧版的形状内容更丰富,2022 版后默认无旧版的形状,需要加载。加载方法:选择"自定形状"工具,从"窗口"→"形状",点右上角,选择"旧版形状及其他",就可以加载,如图 M6－15(a)所示。加载旧版的形状后,在自定形状工具属性栏上点"形状"设置的倒三角形按钮,在展开的下拉框中,可以查看到"旧版形状及其他",如图 M6－15(b)所示。

可以直接使用自定形状中的形状,不需要再绘制,都是矢量图,放大缩小不失真。自定形状工具的使用方便快捷,例如,扑克牌(红心 3)的制作步骤参考如下:

➢ 新建大小为 5.7 厘米×8.8 厘米、背景为白的文档。
➢ 显示网格("视图"→"显示"→勾选网格)和标尺,定好中心。

(a) (b)

图 M6-15

- 为了效果更好,可以新建一个图层,绘制圆角矩形作为纸张。
- 新建"红心 2"图层,在自定形状工具中找到"心形",如图 M6-16 所示。绘制出一个红心,调整大小和位置。
- 复制出"红心 1""红心 3"图层,调整位置。
- 复制出"小红心 1"图层,调整红心大小和位置(左上角)。在左上角再用 T 工具输入文本 3(大小可为 12 点、平滑)。
- 复制另一个"小红心 2"层,将图形移动至右下角后垂直翻转,补充数字 3。效果如图 M6-16 所示。

 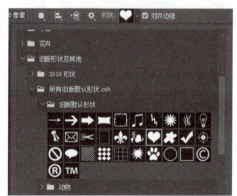

图 M6-16

2. Photoshop 中形状的主要来源

(1) 钢笔工具的形状模式得到　钢笔工具对应属性栏的模式有形状、路径和像素,一般默认是形状,如图 M6-17 所示。

(2) 用选区路径转换得到　在工作区用套索工具做一个选区,切换到钢笔工具,功能属性栏的形状栏没有修改功能。点击"路径"面板,点击"路径"

图 M6-17

面板下方的第 4 个按钮"从选区生成路径"。然后,功能属性区切换到路径模式,再点击"路径"面板中的"工作路径",功能选项区会有"形状修改功能"选项,可以编辑形状。

（3）从文本得到　右击在"图层"面板的"文本图层",有一个选项"转换为形状",可以将文本转换为形状。注意:此时,如果出现如图 M6 - 18 所示的警告对话框,表示文本使用了仿粗体,需要将图右对话框中的仿粗体表示符"T"弹回(不选中),才能将文本转换为形状。另外,这个面板中的加粗"T:仿粗体"不能选中,否则文本不能转换为路径。如设置艺术字效果时,将文本转换为路径,再通过钢笔工具,就可以改变字的形状成为所要的艺术效果。例如,多彩倒影字制作步骤参考如下：

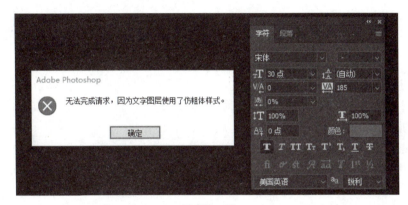

图 M6 - 18

- 新建一个 600 px×500 px 文档,其他设置为默认值。
- 工具栏填充色为默认。选择文本工具"T",对应的属性栏为"宋体""60 点""平滑",在工作区输入"Web 图像处理",按[Ctrl]+[Enter]确认。
- 选择文字层,用选择工具选择工作区中的文字内容,按[Ctrl]+[T]调整文字的显示大小。右击文字图层,选择"栅格化文字",将文字转成像素(观察缩览图)。
- 按[Ctrl]+缩览图(文字层的),选定文字层的像素,再选择"线性渐变"工具(种类自定)填充文字。以下是深绿-鲜绿分界明显渐变的填充效果,如图 M6 - 19 所示。按[Ctrl]+[D]取消选择。

图 M6 - 19

- 按[Ctrl]+[J]复制文字层,得到"Web 图像处理副本"层,按[Ctrl]+缩览图,结合移动工具(或光标键)将副本层中的内容下移。
- 操作副本层,"编辑"→"变换"→"垂直翻转",再在图层面板中,将该层的"不透明度"改为 30%。倒影效果出现,如图 M6 - 20 所示(还可以略调整变形效果)。

图 M6-20

学 知识巩固 案例演示

演示案例 1　绘制五星红旗（我爱国旗）（多边形工具）

演示步骤

1. 根据五星红旗的尺寸（规格有多种，国旗长宽尺寸按 3∶2 比例换算），新建一个 900×600 的画布。背景色为白色，其他默认。

2. 新建"旗面"图层，将工具栏中填充颜色设为红色 RGB(255,0,0)。点击矩形工具，功能属性栏选"形状"，在选项中设置宽 3、高 2 的尺寸比例，在画布中拉出一个矩形。选定"旗面"图层，按[Alt]+[Delete]填充为红色。

3. 新建"大星星"图层，将填充颜色选为黄色 RGB(255,255,0)。点击工具栏的多边形工具，在对应的属性栏中，颜色选择红，描边为无，边数设为 5，描述框中勾选"星形"。按[Shift]键绘出一个正五角形。按[Ctrl]+[T]键调整大星星的角度、位置和大小。

4. 在"大星星"图层按[Ctrl]+[L]复制一个图层，更名为"小星星 1"；按[Ctrl]+[T]键调整小星星的大小和位置，回车确定。

5. 右击"小星星 1"的图层，分别复制出"小星星 2""小星星 3"和"小星星 4"图层。

6. 显示网格。使用移动工具，按照国旗的标准样式和 5 个星星的相对位置，参考图 M6-A1-1(a)，调整好 5 个星的大小及位置（4 个小星星都有一个角指向大星星的中心）。效果如图 M6-A1-1(b)所示。存储为"五星红旗.psd"。

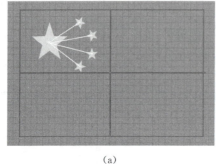　

(a)　　　　　　　　　　　　　(b)

图 M6-A1-1

演示案例 2　绘制国风边框

演示步骤

1. 启动 Photoshop 软件,新建一个宽 30 厘米、高 20 厘米、背景为白 RGB 模式的文档,如图 M6-A2-1 所示。

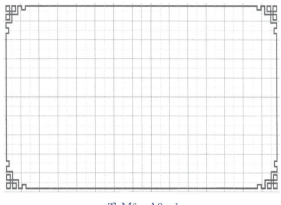

图 M6-A2-1

2. 执行"编辑"→"首选项"→"常规",在弹出的首选项对话框中,点击"参考线、网格和切片"项,设置网格线间隙 2 厘米,子网格为 4,如图 M6-A2-2 所示。

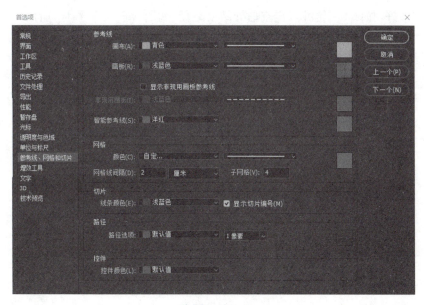

图 M6-A2-2

3. 执行主菜单"视图"→"显示"→"网格"或按[Ctrl]+[']键显示网格。

4. 新建一图层,选择钢笔工具,功能选项栏为"路径"。在画布偏左下位置点击一个起点,继续点击鼠标,沿着网格绘制中国风的网格路径,如图 M6－A2－3(a)所示。按[Ctrl]+[']键隐藏网格,效果如图 M6－A2－3(b)所示。

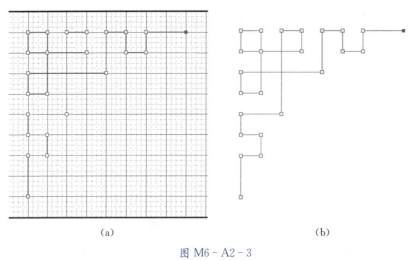

图 M6－A2－3

5. 使用工具栏中的"路径选择工具",框选所有路径,按[Ctrl]+[T]键缩小路径并移动到画布的左上角位置。

6. 执行"编辑"→"拷贝"和"编辑"→"粘贴",复制出相同的路径并放置在画布的右上角位置。在右上角的路径上按[Ctrl]+[T]键,右击该路径实现水平翻转路径。用钢笔工具将两个路径连接好,按[Ctrl]键并点击空白处结束路径,如图 M6－A2－4(a)所示。

7. 继续使用"路径选择工具",框选上面的所有路径,再执行"编辑"→"拷贝"和"编辑"→"粘贴",复制相同的路径。

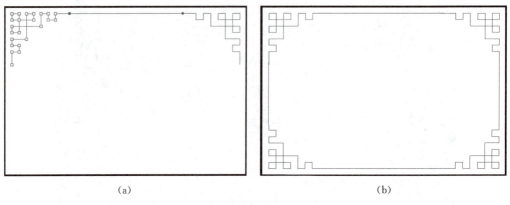

图 M6－A2－4

8. 将复制出的路径移至画布的下方位置。针对下方的路径按[Ctrl]+[T]键,右击实现垂直翻转路径。借助网格对齐。再用钢笔工具将两个路径连接好,如图M6-A2-4(b)所示。

9. 复制图层,前景色设置为红色。选择铅笔工具"硬边圆、像素为6"。打开路径面板,右击路径图层,选择"描边路径",在打开的描边路径中,选择铅笔,确定。中国风边框制作完成,效果如图M6-A2-5所示。

图 M6-A2-5

10. 保存为"国风边框.psd"。删除背景层,另存为"国风边框.png"格式。

演示案例3 班徽设计

> 演示步骤

1. 新建一个600×600(px)的文档,背景内容为白色,用标尺定好中心位置。

2. 新建"外圆"层,沿中心位置绘制一个圆形路径,按[Ctrl]+[Enter]将路径转换为选区。描边6~8个单位,选择"中心"颜色红色。

3. 新建"外圆字"图层,靠外圆绘制一个略小点的圆形路径,大小参考图M6-A3-1(a)所示,点击"T"工具,当鼠标成为可输入状态时,输入英文,文字内容参考图M6-A3-1所示,设置文字格式并调整文字位置。

4. 将文字层"编辑"→"变换路径"→"垂直翻转",效果如图M6-A3-1(b)所示。

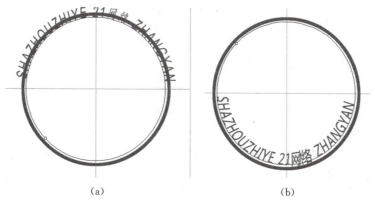

(a)   (b)

图 M6-A3-1

5. 再新建一个小圆图层,沿着文字层的"内径"再绘制一个小的圆形路径,参考图 M6-A3-2(a),输入文字(可以自定)并调整字体和间距。

6. 新建一个"实心圆"图层,用圆形工具填充为红色,效果参考图 M6-A3-2(b)。

7. 再新建一个"自定形状"层(全部形状自选,比如装饰类),填充颜色(自定),效果参考图 M6-A3-3(给出了3个参考图)。保存文档。

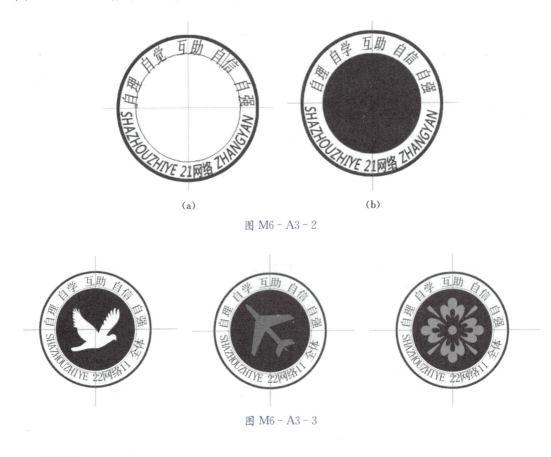

图 M6-A3-2

图 M6-A3-3

 做 举一反三 上机实战

任务 1 共青团团旗

团旗为长方形,长与高的比是3∶2,通用的尺寸有3种规格:长288厘米、高192厘米,长192厘米、高128厘米,长92厘米、高64厘米。

制作步骤

1. 新建一个 900×600 的画布。背景内容为白色,其他默认,按[Ctrl]+[']显示网格。

2. (同案例1)新建"旗面"图层,将工具栏中填充颜色设为红色RGB(255,0,0),点击矩形工具,属性栏设为3∶2的比例,在画布中拉出一个矩形。选定"旗面"图层,按[Alt]+[Delete]填充为红色。

3. 新建"圆环"图层。拉出两条辅助线定出圆心位置,按[Alt]+[Shift]在圆心位置用圆形工具绘出一个正圆路径,按[Ctrl]+[Enter]将路径转换为选区。

4. 执行主菜单"编辑"→"描边",在描边对话框中设置宽度为5px、颜色为黄色,位置"居中",确定,如图M6-R1-1所示。按[Ctrl]+[D]取消选定。也可用圆形选区[Alt]+[Delete]填充为黄色,按住[Alt]+[Shift]缩小选区,然后删除选区的中间部分,得出黄色圆环形状。

5. 新建"五角星"图层。用多边形工具绘制一个"五角星"(同案例1)。调整圆环和五角星的位置,效果如图M6-R1-2所示。保存为"姓名+共青团团旗.psd"。

图 M6-R1-1

图 M6-R1-2

任务2 制作中式云纹线条

制作步骤

1. 新建一个500×500(px)的文档,颜色模式为RGB,背景内容为白色。按[Ctrl]+[']键显示网格。

2. 新建图层1,选择钢笔工具,按[Shift]键沿着网格线绘制如图M6-R2-1所示的路径形状。圆角的顶点正好在网格的中间位置,形成图示中的弧线。完成路径后,确认,完成整个路径操作。

3. 右击路径,选择"描边路径"。在"描边路径"对话框中,选择"铅笔",勾选"模拟压力",确定。

4. 按[Ctrl]+[']键隐藏网格,得到如图M6-R2-2所示的图形。

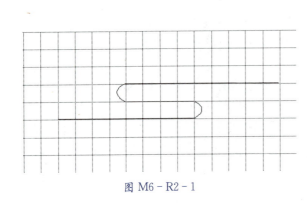

图 M6-R2-1

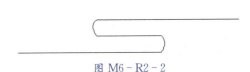

图 M6-R2-2

图 M6-R2-3

5. 按[Ctrl]+[J]键复制图层1,在图层1副本层按[Ctrl]+[T]键将图形略微缩放,得到如图M6-R2-3所示的图形。

6. 将图层1和图层1副本合并,保存为"中式云纹线.psd"。

任务3 写意民宿

制作步骤

1. 绘制月牙形状:
(1) 新建一个700×700(px)、RGB模式且背景内容为白色的文档。
(2) 选择椭圆工具,对应属性栏选"形状",颜色黑色,按[Shift]键在画布偏左位置绘制一个黑色的正圆。
(3) 按[Ctrl]+[J]键复制这个圆得到"形状1副本"层,将该圆改为白色。
(4) 按[Ctrl]+[T]选择白色的圆,然后再按[Shift]键使白色的圆形右移,使左边刚好露出黑色的细细的月牙形状,如图M6-R3-1(a)所示,确认。

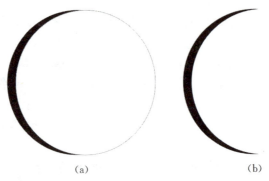

(a)   (b)

图 M6-R3-1

(5) 右击"形状1副本"层选择"栅格化图层",得到黑色的月牙形状。按[Ctrl]+[D]键取消选择,效果如图 M6-R3-1(b)所示。

(6) 合并这两个图层并命名为"月牙",按[Ctrl]+[T]键调整月牙形状和位置,锁定月牙图层。

2. 绘制民房形状:

(1) 选择矩形工具,对应属性栏选"形状",颜色黑色,按[Shift]键绘制一个黑色的矩形。按[Ctrl]+[T]将黑色的矩形变为平行四边形,如图 M6-R3-2(a)所示。

(2) 按[Ctrl]+[J]键复制图层并移动图形,如图 M6-R3-2(b)所示。用自由变换(缩小)和移动工具组合成如图 M6-R3-2(c)所示的效果。

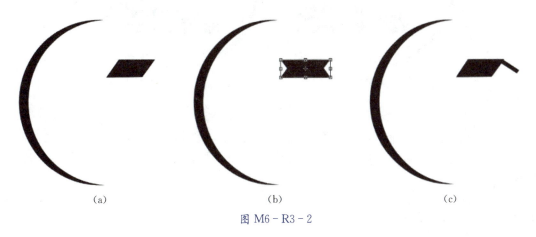

图 M6-R3-2

(3) 再用矩形工具绘制细长的矩形和一个小正方形(窗户),如图 M6-R3-3(a)所示。

(4) 合并形状层并命名图层为"大房子"。按[Ctrl]+[J]复制"大房子"图层,按[Ctrl]+[T]调整图层中的内容并命名为"小房子"。

(5) 用矩形工具绘制细长的矩形适当增加房子的墙体效果,如图 M6-R3-3(b)所示。分别合并图层,锁定"大房子"和"小房子"图层。

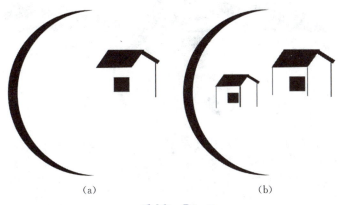

图 M6-R3-3

3. 用钢笔工具分别绘制两个小山的形状,第二个小山的形状可以通过第一个小山复制、变形得到,参考图 M6-R3-4(a)所示效果。

4. 在最下方绘制几个灰色的小椭圆,增加水的效果,如图 M6-R3-4(b)所示。

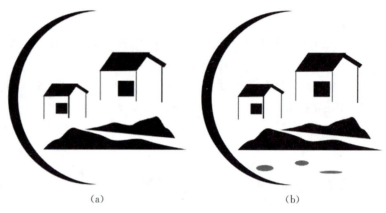

(a)　　　　　　　　(b)

图 M6-R3-4

5. 添加中式云纹线条。打开任务 2 制出的云纹线,添加到文档中,并命名图层为"云纹线 1"。按[Ctrl]+[J]复制"云纹线 2"图层。调整两条云纹线的位置和大小,如图 M6-R3-5(a)所示。

6. 用椭圆工具,在云端添加出太阳(或月亮),效果如图 M6-R3-5(b)所示。保存文档为"写意民宿.psd"。

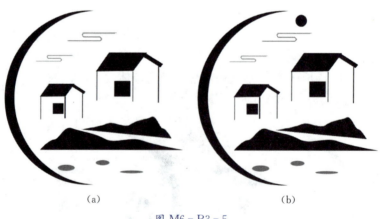

(a)　　　　　　　　(b)

图 M6-R3-5

知识点拨

主要工具栏快捷键总结(表 M6-1)。

表 M6-1

快捷键英文字母	对应快捷键名称	快捷键英文字母	对应快捷键名称
A	路径选择工具	O	加深/减淡工具
B	画笔工具	P	钢笔工具
C	裁剪工具	Q	快速蒙版切换（工具栏最下端）
D	还原默认前景和背景色	R	旋转视图工具
E	橡皮擦工具	S	仿制图章工具
F	屏幕切换	T	文字工具
G	填充工具	U	形状工具
H	抓手工具	V	移动工具
I	吸管工具	W	魔棒工具
J	修复工具	X	切换前景色和背景色
K	油漆桶（老版本）	Y	历史画笔工具
L	套索工具	Z	缩放工具
M	选框工具	Tab	显/隐工具栏和面板
N		、	画笔大小的调整

模块小结

本模块学习了文字工具和形状工具组，通过案例学习了路径文字的操作和应用，通过任务练习了简单形状工具在设计中的应用。

模块七 Photoshop 图像调整

学习 Photoshop 图像调整,需要了解和掌握一些颜色和色彩知识。作为一个专业的图像处理软件,Photoshop 提供了一系列的图像调整命令,通过这些命令,可以快速实现图像的进一步编辑、修饰和调整。

知识要点

- 颜色及色彩三要素
- Photoshop 图像调整命令

7.1 颜色及色彩三要素

7.1.1 颜色和色彩

1. 颜色和色彩的概念

颜色和色彩在概念上是相似的,但存在细微的差别。颜色和色彩都是通过眼、脑和生活经验所产生的对光的视觉效应。颜色是肉眼受到电磁波辐射能刺激后,引起的一种视觉神经的感觉。颜色的特性包括色相、明度和饱和度。色彩则更侧重于描述颜色的心理和情感效应,以及颜色在不同文化和社会背景中的象征意义。色彩包括色相、色度(明度、饱和度)和色性(冷暖),色彩的组合和搭配可以产生不同的视觉效果和心理感受,如红色可能象征热情、豪放,蓝色可能象征轻快、自由等。

总的来说,颜色是一个更基础的概念,侧重于光的物理现象和对光的感知;而色彩则包含了更深的文化和心理层面的意义,以及颜色的情感效应。

2. 色彩情感

色彩情感展示了不同颜色所代表的情感和象征意义,这些色彩在视觉上能够引起人们的情感反应,从而影响情绪和心理感受。表 M7-1 列举了常见色彩的情感寓意和事物表现,了解常见色彩的情感寓意和事物表现的对应关系,能为后续图形图像处理的美化提供有力基础。

模块七 Photoshop 图像调整

表 M7-1

颜色	色彩的情感寓意	事物表现
红	活力、健康、热情、喜庆、朝气、奔放和革命等	火、血、心、苹果、夕阳、婚礼和春节等
橙	快乐、温情、积极、活力、欢欣、华丽、富足和时尚等	橙子、柿子、橘子、秋叶、砖头和面包等
黄	温暖、明亮、光明、快乐、豪华、注意、活力、希望和智慧等	香蕉、柠檬、黄金、蛋黄和帝王等
绿	新鲜、春天、和平、安全、和睦、宁静、自然、健康和安静等	草、植物、竹子、森林、公园和地球等
蓝	稳重、理智、高科技、清爽、凉快和自由等	水、海洋、天空和游泳池等
紫	神秘、优雅、女性化、浪漫和忧郁等	葡萄、茄子、紫菜、紫罗兰和紫丁香等
褐色	原始、古老、古典、稳重等	麻布、树干、木材、皮革、咖啡和茶叶等
白色	纯洁、干净、善良、空白、光明和寒冷等	光、白云、雪、兔子、棉花、医护服和婚纱等
灰色	柔和、沉闷、暗淡、温和、谦让、老态、中庸、中立和高雅等	金属、水泥、砂石、乌云和老鼠等
黑色	罪恶、污点、黑暗、恐怖、神秘、稳重、科技、高贵、深沉、悲哀和压抑等	夜晚、头发、墨和煤炭等

7.1.2 色彩及其三要素

1. 色彩

色彩是光从物体反射到人的眼睛所引起的一种视觉感受。它是人对于光的感受,表现为不同的颜色和明暗关系,使人能够区分和识别各种物体。

2. 色彩三要素

(1) 色相(Hue)　色彩的基本属性,决定色彩的种类和名称,如红、橙、黄、绿、蓝、紫等等。色相是色彩三要素中区分色彩差异的依据,它基于光谱色形成了色相环,包含了多种色相,如图 M7-1 所示。

(2) 明度(Value 或 Brightness)　色彩的明暗程度,即色彩的亮度或深浅度,决定了色彩在不同光线条件下的表现,可以是某一色相的深浅变化,也可以是不同色相间的明度差别。明度的变化可以独

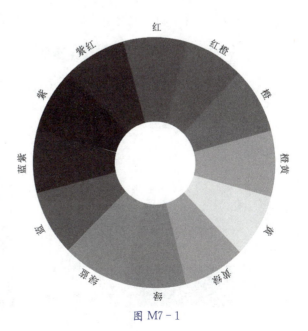

图 M7-1

立于色相和饱和度,通过加入不同比例的黑、白、灰来产生变化。

(3) 饱和度(Saturation) 又称为纯度,是色彩的鲜艳程度或纯净度。饱和度高的色彩更加鲜明和饱和,而饱和度低的色彩则显较为灰暗或柔和。饱和度的变化可以通过在颜色中加入不同比例的黑、白、灰来实现,从而影响色彩的鲜艳程度。

7.2 Photoshop 图像调整命令

在 Photoshop 软件中,执行主菜单"图像"→"调整",可以查看到图像调整有许多命令及其快捷键,主要有亮度/对比度、色阶、曲线、曝光度、自然饱和度、色相/饱和度、色彩平衡、黑白、照片滤镜、通道混合器、颜色查找,反相、色调分离、阈值、渐变映射、可选颜色,阴影/高光、HDR 色调,去色、匹配颜色、替换颜色、色调均化等,如图 M7-2 所示。

7.2.1 调整图像明暗的命令

调整图像明暗的命令主要有亮度/对比度命令、色阶命令、曲线命令、曝光度命令和阴影/高光命令。

1. 亮度/对比度命令

亮度命令用整体画面提亮或减暗,改变图像中明暗的平衡。亮度是指图像中明暗程度的平衡。亮度改变,图像的整体色调就会改变。对比度表示图像中明暗区域最亮的白和最暗的黑之间不同亮度层级的差异范围。范围越大,对比度越大,反之越小。

执行菜单栏"图像"→"调整"→"亮度/对比度"命令,打开"亮度/对比度"对话框,如图 M7-3 所示,可以调整图像的亮度和对比度。亮度/对比度命令的调整效果简单直接,使用该命令可以将图像的色调提亮或变暗,调整后的图像更加鲜活明亮。

图 M7-2

图 M7-3

亮度数值为正值时，提高图像亮度；亮度数值为负值时，降低图像亮度。对比度数值为正值时，提高图像的对比度；对比度数值为负值时，降低图像的对比度。参考如下操作：

- 在 Photoshop 软件中打开"模块七"→"素材"→"牡丹花.jpg"图像文件，如图 M7-4(a)所示。
- 执行菜单栏"图像"→"调整"→"亮度/对比度"命令，打开"亮度/对比度"对话框，在其中拖动滑块调整参数。
- "亮度"参数为 70 左右，"对比度"参数为 50 左右。一朵鲜活明亮的牡丹花通过"亮度/对比度"的简单调整就展现在眼前，如图 M7-4(b)所示。

(a)　　　　　　　　　　　　　　(b)

图 M7-4

2. 色阶命令

色阶是指各种图像颜色模式下图像原色的明暗度，色阶的调整也就是明暗度的调整。执行菜单栏"图像"→"调整"→"色阶"命令，或按快捷键[Ctrl]+[L]打开"色阶"对话框，如图 M7-5 所示。色阶命令可将每个通道中最亮和最暗的像素定义为白色和黑色，然后按比例重新分配中间像素的值来调整图像的色调，从而校正图像的色调范围和色彩平衡。"色阶"对话框中的主要参数说明如下：

（1）预设　Photoshop 中自带的调整方案。

（2）通道　可以选择需要调整的通道。

（3）自动　Photoshop 软件会自动调整整个图像的色调。

（4）设置黑场　用"色阶"对话框中的第一个吸管，如图 M7-5 所示，在图像上单击，可以将图像中所有像素的亮度值减去吸管单击处像素的亮度值，从而使图像变暗。

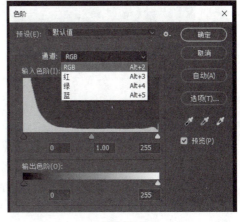

图 M7-5

(5) 设置灰场　用"色阶"对话框中的第二个吸管,在图像上单击,用该吸管单击处的像素中的灰点来调整图像的色调分布。

(6) 设置白场　用"色阶"对话框中的第三个吸管,在图像上单击,可以将图像中所有像素的亮度值加上吸管单击处像素的亮度值,从而使图像变亮。

(7) 输入色阶　分别拖动下方的黑、灰、白3色滑块,或在相应的数值框中输入数值,可以改变照片的阴影、中间调和高光,从而增加图像的对比度。向左拖动白色滑块或者灰色滑块,可以增加图像亮度;向右拖动黑色滑块或者灰色滑块,可以使图像变暗。

(8) 输出色阶　拖动下面的黑、白滑块,或者在数值框中输入数值,可以重新定义图像的阴影和高光值,以降低图像的对比度。其中,向右拖动黑色滑块,可以降低图像暗部的对比度,从而使图像变亮;向左拖动白色滑块,可以降低图像亮部的对比度,从而使图像变暗。

通俗说,色阶命令就是将亮的调得更亮、暗的调得更暗。在图像处理中经常会用到色阶命令,参考如下操作:

> 打开"模块七"→"素材"→"小花.jpg"图像文件,如图 M7-6(a)所示。
> 按快捷键[Ctrl]+[L]打开"色阶"对话框,在其中拖动滑块调整参数。
> 将左边黑色滑块向右移,将右边的白色滑块向左移。使亮的调得更鲜亮、暗的调得更暗,效果如图 M7-6(b)所示。

(a)　　　　　　　　　　　　　　(b)

图 M7-6

知识点拨

　　黑白场是专业的术语,每个图片都有黑场、灰场、白场。黑场就是图片中最暗的地方,白场也就是最亮的地方。当使用黑场吸管去吸取一个地方时,默认这个地方为图片的最暗处,原本比此处暗的区域都合并为黑色,白场同理。黑白场的设置一定要正确,不然图片会失去很多层次和细节。需要多试,积累经验。

3. 曲线命令

曲线命令是通过调整曲线的斜率和形状来实现图像色彩、亮度和对比度的综合调整。与色阶命令相似但比较灵活，调整范围更为精确。可以适当调整图像的亮调、中间调和暗调，其最大的特点是可以调整某一范围内的图像色调，而不影响其他色调。曲线命令多用于调整反差过小的图像。

执行菜单栏"图像"→"调整"→"曲线"命令，或按快捷键[Ctrl]+[M]打开"曲线"对话框，如图 M7-7 所示。对"曲线"对话框中的参数说明如下：

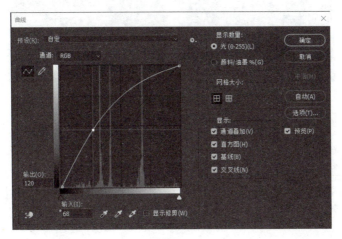

图 M7-7

（1）预设　Photoshop 中自带的调整选项。

（2）通道　选择需要调整的通道。

（3）曲线调整框　用于显示当前曲线的修改，按住[Alt]键，在该区域中单击，可以增加网格的显示数量，便于图像精确调整。

（4）明/暗度显示条　包括左侧纵向的输出明/暗度显示条和下方横向的输入明/暗度显示条。横向的明/暗度显示条表示图像调整前的明/暗度状态，纵向明/暗度显示条表示图像调整后的明/暗度状态。拖动调整线时会动态地看到其变化。

（5）调节线　在该线上最多可添加 14 个节点。当指针置于节点上并变为选中状态时，就可以拖动该节点，调整曲线。要删除某个节点，选中并将该节点拖出对话框部即可，也可以按[Delete]键删除。

参考如下操作：

- 打开"模块七"→"素材"→"书房.jpg"图像文件，如图 M7-8(a)所示。
- 按快捷键[Ctrl]+[J]复制图层，用套锁或框选工具选择需要修改的区域（桌下颜色暗的地板区域），羽化半径为 30~40。
- 执行主菜单"图像"→"调整"→"曲线"，打开"曲线"对话框，在调整面板中点击"曲线"按钮。
- 将曲线略向上调，调到所选区域为自然过渡的效果，如图 M7-8(b)所示。

(a)   (b)

图 M7-8

4. 曝光度命令

使用曝光度命令可以方便地校正图像曝光过度的情况。执行菜单栏"图像"→"调整"→"曝光度"命令,打开"曝光度"对话框,如图 M7-9(a)所示。对"曝光度"对话框中的部分参数说明如下:

 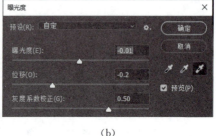

(a)   (b)

图 M7-9

(1) 曝光度 用于调整色彩范围,主要是控制高光。正值增加曝光度,负值减少曝光度。

(2) 位移 主要调整图像的阴影,使之变暗或变亮,几乎不影响高光。

(3) 灰度系数校正 主要调整图像中间调,对阴影与高光区域影响较小。滑块向右使图像变暗,滑块向左使图像变亮。

其操作参考如下步骤:

- 打开"模块七"→"素材"→"曝光照片.jpg"图像文件,如图 M7-10(a)所示。
- 按快捷键[Ctrl]+[J]复制图层,执行主菜单"图像"→"调整"→"曝光度",打开"曝光度"对话框。
- 微调滑块,参考图 M7-9(b)设置参数。最终效果如图 M7-10(b)所示。

模块七　Photoshop 图像调整

（a）

（b）

图 M7-10

5. 阴影/高光命令

阴影/高光命令可处理图像中过暗或者过亮区域的细节,适用于校正由强逆光而形成阴影的照片,或者校正由于太接近闪光灯而有些发白的焦点。CMYK 颜色模式的图像不能使用该命令。执行主菜单"图像"→"调整"→"阴影/高光",打开"阴影/高光"对话框,如图 M7-11 所示。对"阴影/高光"对话框中的部分参数说明如下:

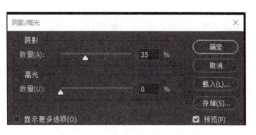

图 M7-11

（1）数量　在"阴影"和"高光"选项区域中拖动滑块,可以调整图像的暗调和高光区域。数值越大,则调整的幅度也越大。

（2）显示更多选项　设置高级参数,会显示更多的参数。

该命令操作参考如下步骤:

➢ 打开"模块七"→"素材"→"风景.jpg"图像文件,如图 M7-12 所示。
➢ 执行主菜单"图像"→"调整"→"阴影/高光",打开"阴影/高光"对话框。
➢ 将阴影设置为 10,高光设置为 10,效果如图 M7-13 所示。

图 M7-12

图 M7-13

7.2.2 调整图像色彩的命令

调整图像色彩的命令主要有自然饱和度命令、色相/饱和度命令、色彩平衡命令、黑白命令、照片滤镜命令和通道混合器命令等。

1. 自然饱和度命令

自然饱和度命令可以增加或者降低画面颜色的鲜艳程度,使外景照片更加明艳动人;还可以打造出复古怀旧的低彩效果。自然饱和度命令可以增加或降低画面的饱和度,而且效果比较柔和,不会因为饱和度过高而产生纯色,也不会因为饱和度过低而产生完全灰度的图像。所以"自然饱和度"非常适合用于数码照片的调色。

执行主菜单"图像"→"调整"→"自然饱和度",打开"自然饱和度"对话框,如图 M7-14 所示。"自然饱和度"对话框中的部分参数说明如下:

(1)使用自然饱和度效果更加自然 向左拖动滑块,可以降低颜色的饱和度;向右拖动滑块,可以增加颜色的饱和度。

(2)饱和度 用于调整整个图像颜色的鲜艳程度。向左拖动滑块,可以降低所有颜色的饱和度;向右拖动滑块,可以提高所有颜色的饱和度。

参考如下操作:
- 打开"模块七"→"素材"→"风景.jpg"图像文件。
- 执行主菜单"图像"→"调整"→"自然饱和度",打开"自然饱和度"对话框。
- 将自然饱和度设置为 20,饱和度 10,图片效果更加鲜亮,如图 M7-15 所示。

图 M7-14

图 M7-15

2. 色相/饱和度命令

色相是色彩的首要特征,是区别各种不同色彩的最准确的标准。事实上,任何黑白灰以外的颜色都有色相的属性。色相就是由原色、间色和复色构成的,通俗地理解为不同的颜色。色相就是人们看东西、颜色的第一反应。比如,能准确看出红花、绿叶、蓝天等的颜色,说明它们具有不同的色相。饱和度是指图像颜色的彩度或鲜艳程度。简单说就是看到的颜色纯不纯、鲜艳不鲜艳,是针对人眼的感觉。比如,春天花草颜色比较鲜艳,到了冬天很多都会慢慢枯萎,颜色也变得黯淡无光,这时就可以说饱和度下降了。

如图 M7-16 所示,"色相/饱和度"对话框中的部分参数说明如下:

默认选择"全图"。色相/饱和度命令可以根据色彩的三要素来直观调色。

(1)色相 调整对应的角度值来改变色相,范围在-180°~180°之间,正好是 360°,一个色相环。

(2)饱和度 调整色彩鲜艳程度,范围是-100~100°之间。-100°为最低,是灰色的,也就是没有色相了,在修改色相时不会有变化。因为灰色不具备色彩意义。

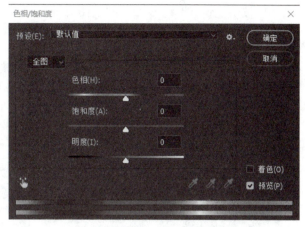

图 M7-16

(3)明度 调整明度就是调节发光亮度,范围也是在-100~100 之间。100 为白光,也就是光线最强。

饱和度命令实际上就是对图片增加灰色或者减少灰色的过程。改变饱和度不会改变整体的发光强度,只是改变了 RGB 的混合比例而已。

色相/饱和度的调整,参考如下操作:

- 打开"模块七"→"素材"→"西红柿.jpg"图像文件,如图 M7-17(a)所示。
- 主菜单"图像"→"调整"→"色相/饱和度",打开"色相/饱和度"对话框。

(a)

(b)

图 M7-17

- 在对话框中默认"全图"时,将"色相"滑块向左移动-20,整个图像变化明显,如图 M7-17(b)所示。
- 若只想改变黄色部分,继续如下操作:在"全图"处,选黄色,将"色相"滑块向左移增加红色,如图 M7-18(a)所示。
- 若再将饱和度调高些,效果更鲜亮(但部分绿色还有)。

➢ 按快捷键[Ctrl]+[U]在"全图"处,选绿色,将色相调成负值(-30),饱和度略微调高一点,效果更好,果实变橙红,效果参考图 M7-18(b)。

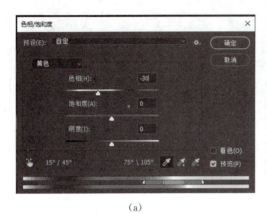
(a)

(b)

图 M7-18

➢ 若要局部调亮,可以先用矩形选框工具,框选需要调亮的部位。例如:打开模块七"局部调亮.jpg"图像,如图 M7-19(a)所示。用选框工具框选床的右侧边,执行主菜单"图像"→"调整"→"色相/饱和度",将明度调至"+15",可以看到局部调亮的效果,如图 M7-19(b)所示。

(a)

(b)

图 M7-19

3. 色彩平衡命令

色彩平衡可较直观地给图片加各种颜色。色彩平衡命令是根据颜色互补的原理,其实就是形成色彩的原理,通过添加和减少互补色而达到图像的色彩平衡效果,或改变图像的整体色调。

这里的色彩说的是光(透射色),而不是油墨(反射色)。执行"图像"→"调整"→"色彩平衡"命令,或按快捷键[Ctrl]+[B],弹出"色彩平衡"对话框,如图 M7-20 所示。在色彩平衡项中,右侧对应 R、G、B(红、绿、蓝)三原色,左侧则对应互补色 C、M、Y(青、洋红、黄);在色调平衡项中,对应有阴影、中间调、高光,分别是指照片的高光、中间调、阴影部分,也就是想要调整的范围。"色彩平衡"对话框中的部分参数说明如下:

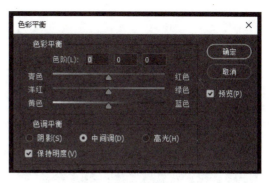

(1) 阴影　调整图像中阴影部分的颜色。
(2) 中间调　调整图像中间调部分的颜色。
(3) 高光　调整图像中高光部分的颜色。
(4) 保持明度　保持图像原有的亮度。

图 M7－20

使用色彩平衡时,要先想好最终效果,当然也可以边调边看,满意就停。例如,如果觉得图像中绿色多了,就将绿色往左侧拖动,加入绿色的补色洋红。参考如下操作:

> 打开"模块七"→"素材"→"需要色彩平衡"照片,如图 M7－21(a)所示。
> 按快捷键[Ctrl]+[B]打开"色彩平衡"对话框,分别选择色彩平衡的"高光""中间调""阴影",给照片加入颜色。
> 先在高光通道上,将滑块往青色和蓝色移动,目的是在照片中的高光上加入冷色调,以及让照片更干净。
> 切换到中间调通道,将滑块往红色和黄色移动,目的是使颜色更统一,以及与高光层次分开。
> 最后在阴影上,滑块往绿色移动(根据个人喜好,可加一点绿色),目的是使照片更厚实,层次感更强。效果参考图 M7－21(b)所示。

(a)

(b)

图 M7－21

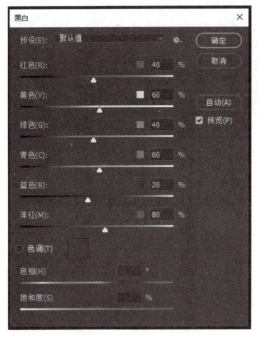

图 M7-22

4. 黑白命令

黑白命令可以将彩色图像转换为具有艺术效果的黑白图像，也可以根据需要将图像调整为单色的艺术效果。按快捷键[Alt]+[Ctrl]+[Shift]+[B]，打开"黑白"命令对话框，如图 M7-22 所示。部分参数说明如下。

- 预设：Photoshop 自带多种图像调整为灰度的处理方案。
- 颜色设置：对红色、黄色、绿色、青色、蓝色、洋红这 6 种颜色，拖动滑块或输入数值设置不同的灰度。
- 色调：选中该复选框后，对话框底部的"色相"和"饱和度"将被激活，通过"色相"和"饱和度"的设置实现图像色调的变化，可以实现单色调图像效果。

"黑白"命令的应用参考如下操作：

- 打开"模块七"→"素材"→"荷花.webp"图片，如图 M7-23(a)所示。
- 按[Alt]+[Ctrl]+[Shift]+[B]键，打开"黑白"命令对话框，图像迅速变化，如图 M7-23(b)所示。
- 再将红色滑块左移、洋红色滑块略右移，效果如图 M7-23(c)所示，出现洁白的荷花。

(a)

(b)

(c)

图 M7-23

5. 照片滤镜命令

使用照片滤镜命令可以模仿镜头前加彩色滤镜的效果,使图像产生特定的曝光效果。执行"图像"→"调整"→"照片滤镜"命令,弹出"照片滤镜"对话框,如图 M7-24 所示。"照片滤镜"对话框中的部分参数说明如下。

(1) 滤镜　Photoshop 预设了多种选项,根据需要可以选择合适的选项。

(2) 颜色　单击颜色块弹出"拾色器"对话框,可以自定义一种颜色作为图像的色调。

(3) 浓度　拖动滑块可以调整应用于图像的颜色的数量。数值越大,应用的颜色调整范围越大。

(4) 保留明度　调整颜色的同时保持图像的亮度不变。

照片滤镜命令的应用参考如下操作:
- 打开"模块七"→"素材"→"桃花.jpg"图片,如图 M7-25(a)所示。
- 执行"图像"→"调整"→"照片滤镜"命令,弹出"照片滤镜"对话框。
- 在"滤镜"选项中选择"Warming Filter(85)"暖调滤镜,图像增加了暖色效果,如图 M7-25(b)所示。
- 再单击颜色块弹出"拾色器"对话框,点击洋红色,密度滑块略右移,效果如图 M7-25(c)所示,出现粉红的桃花。

图 M7-24

(a)　　　　　　　　　(b)　　　　　　　　　(c)

图 M7-25

6. 通道混合器命令

通道混合器命令可以将图像中的颜色通道混合,能够对目标颜色通道进行整体修复。

该命令常用于图像偏色的修复。执行"图像"→"调整"→"通道混合器"命令,弹出"通道混合器"对话框,如图 M7-26(a)所示。"通道混合器"对话框中的部分参数说明如下。

(a)　　　　　　　　　　　　　　(b)

图 M7-26

(1) 预设　Photoshop 提供了 6 种制作黑白图像的预设效果,如图 M7-26(b)所示。

(2) 输出通道　在下拉列表中可以选择一种通道来调整图像的色调。

(3) 源通道　用来设置源通道在输出通道中所占的百分比。比如设置"红"通道,则增大红色数值。

(4) 总计　显示源通道的计数值。如果计数值大于 100%,则有可能丢失一些阴影和高光细节。

(5) 常数　用来设置输出通道的灰度值。负值可以在通道中增加黑色,正值可以在通道中增加白色。

(6) 单色　选中该复选框后,图像将变成黑白效果。可以通过调整各个通道的数值,调整画面的黑白关系。

通道混合器命令的应用参考如下操作:
- 打开"模块七"→"素材"→"春天.webp"图片,如图 M7-27(a)所示。
- 执行"图像"→"调整"→"通道混合器"命令,弹出"通道混合器"对话框。
- 输出通道选择红色,绿色通道滑块右移增加数值。根据颜色混合原理,红色和绿色混合出现黄色,效果如图 M7-27(b)所示。
- 输出通道选择红色,再将蓝色通道滑块左移。根据颜色混合原理,在蓝色通道减去红色,还原图像中天空的蓝色,最终效果如图 M7-28 所示。

(a)　　　　　　　　　　　　　　(b)

图 M7 - 27

图 M7 - 28

7.2.3　其他调整命令

1. 反相命令

反相命令是将图像中的所有颜色替换为相应的补色,从而让图像呈现出类似负片的效果,与传统相机中的底片效果相似。

反相命令的操作方便快捷,效果明显。使用反相命令后,图像中的蓝色将被替换为橙黄色,白色将替换为黑色,绿色替换为洋红。参考如下操作:

➢ 打开色彩丰富的"模块七"→"素材"→"美景.jpg"图像,如图 M7 - 29(a)所示。
➢ 执行"图像"→"调整"→"反相"菜单命令,或按快捷键[Ctrl]+[I]。

效果如图 M7 - 29(b)所示,图像中的蓝色已被替换为橙黄色,白色已被替换为黑色,绿色已被替换为洋红。当然,也可以将负片效果还原为图像原来的色彩效果。

2. 去色命令

去色命令可以将彩色图像转换为灰度图像,或者将局部图像转换为灰度图像,但图像的颜色模式保持不变。该命令操作简单、效果显著,参考如下操作:

(a)　　　　　　　　　　　　　　(b)

图 M7－29

➤ 打开"模块七"→"素材"→"民宿.jpg"图像,如图 M7－30(a)所示,执行"图像"→"调整"→"去色"菜单命令,或按快捷键[Ctrl]+[Shift]+[U],将其调整为灰度效果。
➤ 再执行"图像"→"调整"→"色相/饱和度",将"明度"的滑块向右移动增加点亮度。效果如图 M7－30(b)所示。

(a)　　　　　　　　　　　　　　(b)

图 M7－30

学 知识巩固 案例演示

演示案例1 杂志封面特效(通道混合器命令)

演示步骤

1. 打开模块七中的"模特.png"图像文件,修改到杂志封面尺寸(一种是 21 厘米×

28.5厘米,16开),如图 M7-A1-1 所示。

2. 执行"选择"→"主体"菜单命令,按[Ctrl]+[J]复制"主体"到新图层。

3. 将背景层填充为白色,右击图层点击"合并可见图层"。

4. 执行"图像"→"调整"→"通道混合器"菜单命令,弹出"通道混合器"对话框(图 M7-26)。

5. 在"通道混合器"对话框中的输出通道中,保留红色通道值不变。切换到绿色,将绿色通道值改为 0;切换到蓝色,将蓝色通道值改为 0,如图 M7-A1-2(a)所示。

图 M7-A1-1

6. 按[Ctrl]+[J]复制新层,再适当加上文案,参考图 M7-A1-2(b)的效果。

(a)

(b)

图 M7-A1-2

演示案例2　夕阳变冬日暖阳(反相命令)

演示步骤

1. 在 Photoshop 软件中打开模块七素材"夕阳.jpg"图像文件,如图 M7-A2-1(a)所示。

2. 按[Ctrl]+[J]复制"背景"图层,生成"背景副本"图层,执行"图像"→"调整"→"反相"菜单命令,图像中的黄色替换为蓝色(天空),黑色替换为白色(地面、树枝),洋红替换为绿色(光晕),白色替换为黑色(夕阳)。效果如图 M7-A2-1(b)所示。

3. 使用椭圆选框工具,选择黑色夕阳的圆形选区。执行"图像"→"调整"→"色阶"菜单命令,弹出"色阶"对话框。

(a)   (b)

图 M7 - A2 - 1

4. 在"色阶"对话框中,选择红通道,将输出色阶的黑色滑块向右拖移一段距离,如图 M7 - A2 - 2(a)所示,使选区内增加较多的红色(红太阳),效果如图 M7 - A2 - 2(b)所示。

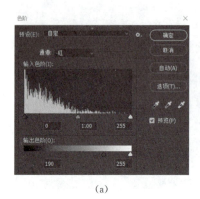

(a)   (b)

图 M7 - A2 - 2

5. 再在"色阶"对话框中,选择绿通道(增加绿色,使太阳更接近自然),设置"输入色阶"为 3~4,"输出色阶"为 60~70,如图 M7 - A2 - 3(a)所示。最终效果如图 M7 - A2 - 3(b)所示。

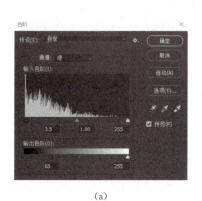

(a)   (b)

图 M7 - A2 - 3

演示案例3 制作多彩玫瑰(考证真题)

> 演示步骤

1. 打开模块七素材中的"玫瑰.jpg",复制背景图层。
2. 选择磁性套索工具,沿着中间最大那朵玫瑰边缘制作出选区,如图 M7-A3-1 所示。
3. 执行主菜单"图像"→"调整"→"色相/饱和度",各参数设置如图 M7-A3-2 所示。

图 M7-A3-1　　　　　　　　　　图 M7-A3-2

4. 确定后,效果如图 M7-A3-3 所示。
5. 使用同样的方法改变其他几朵玫瑰的颜色,效果如图 M7-A3-4 所示。

图 M7-A3-3　　　　　　　　　　图 M7-A3-4

6. 执行主菜单"图像"→"调整"→"色相/饱和度",设置"饱和度"为40,花的颜色变得非常鲜艳了,效果如图 M7-A3-5 所示。

图 M7-A3-5

7. 执行主菜单"文件"→"存储为",保存为"制作多彩玫瑰.psd"格式。

 做 举一反三 上机实战

任务 1 衣服换色(色相/饱和度命令)

制作步骤

图 M7-R1-1

1. 在 Photoshop 软件中打开模块七素材中的"粉色.jpg"毛衣图像,如图 M7-R1-1 所示。

2. 按快捷键[Ctrl]+[+]放大视图,选择套索工具中的"多边形套索工具"。仔细沿着毛衣的边缘点击,至形成封闭点时,单击鼠标左键,粉色毛衣处于选中状态,效果如图 M7-R1-1 中所示的蚂蚁线。

3. 执行"图像"→"调整"→"色相/饱和度"菜单命令,打开"色相/饱和度"对话框,调整其中的 3 个参数值(色相主要改变衣服的颜色,饱和度主要改变衣服的鲜艳程度,明度主要改变衣服的明暗度),如图 M7-R1-2 所示,确定。

4. 按[Ctrl]+[D]取消选定,最终效果如图 M7-R1-3 所示,保存为"绿色毛衣.jpg"于模块七文件夹中。

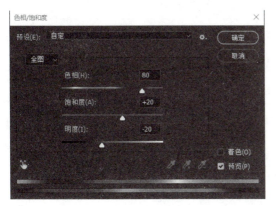

图 M7-R1-2

图 M7-R1-3

任务 2　黄辣椒秒变红辣椒(替换颜色命令)

1. 在 Photoshop 软件中打开模块七中的"黄辣椒.jpg"图像,如图 M7-R2-1 所示,按[Ctrl]+[J]复制"背景"图层。

2. 执行"图像"→"调整"→"替换颜色"菜单命令,弹出"替换颜色"对话框。

3. 在"替换颜色"对话框中,"容差值"略调大点。用带"+"号的吸管吸取图像中的黄色,然后在"结果"中将颜色调到红色,参考图 M7-R2-2。图像中的黄色基本都变成了红色,效果如图 M7-R2-3(a)所示。

4. 再用带"+"号的吸管在图像中的黄色部位点击,使图像中黄色全部都变成红色。最终效果如图 M7-R2-3(b)所示。

5. 保存为"红辣椒.jpg"于模块七文件夹中。

图 M7-R2-1

图 M7-R2-2

(a)　　　　　　　　　　　(b)

图 M7-R2-3

任务3　室内冷暖色变换(照片滤镜命令)

制作步骤

1. 在 Photoshop 软件中打开"室内.jpg"图像,如图 M7-R3-1(a)所示。

2. 按快捷键[Ctrl]+[J]复制一个图层。执行"图像"→"调整"→"照片滤镜"菜单命令,弹出"照片滤镜"对话框,如图 M7-R3-1(b)所示。

3. 在"照片滤镜"对话框中,"滤镜"默认为暖色。展开滤镜可看到滤镜的多个选项,前几种都为暖色。

4. 点击"滤镜"处的下拉箭头,选择一种暖色,比如第二种"Warming Filter(LBA)"选项,图像冷暖色改变不明显。将"预览"在取消和选定中切换,可以看到图像冷暖色的改变。

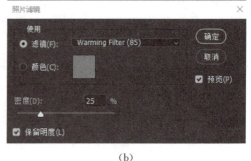

(a)　　　　　　　　　　　　　　　　　　(b)

图 M7-R3-1

5. 调整"密度"值,滑块向右移,可以很快捷地将图像变成暖色,如图 M7-R3-2 所示;反之,滑块向左移,可以很快捷地将图像变成冷色。

6. 另存。

试试　执行"图像"→"调整"→"色彩平衡"菜单命令后,室内冷暖色变换的效果。图像冷暖色的改变,还是"照片滤镜"操作方便快捷。

模块七　Photoshop 图像调整

图 M7－R3－2

知识点拨

当主菜单"选择"下拉项没有"主体"选项时,需要设置。执行主菜单"编辑"→"菜单",打开"键盘快捷键和菜单"对话框。在该对话框中,展开"选择"选项,然后下拉滚动条找到"主体"项,将"主体"项的"可见性"显示出来,确定。

模块小结

通过本模块的学习,了解到一些颜色和色彩知识,对以后图像处理的审美有所帮助。学习和应用了图像调整的一系列命令,再通过案例和任务的操作,掌握了许多种图像调整命令的使用技巧。

Photoshop图形图像处理"教学做"案例教程

第三篇
高级技能

模块八 Photoshop 图层混合模式和图层样式

在 Photoshop 图像处理中，改变图层的混合模式，往往可以得到许多意想不到的特殊效果，从而瞬间增强图像质量。图层样式可以保留设计过程，以便后期修改，可复制粘贴，提高设计效率，统一图层效果。

知识要点

- 图层混合模式及其分组
- 图层样式及其种类

8.1 图层混合模式及其分组

混合模式主要功效是将当前图层和下一个图层合成，实现一个图层实现不了的效果。图层混合模式，顾名思义，至少有两个图层参与才有混合的效果。图层样式作用于当前图层，单层不能实现图层的混合模式。

图层的混合模式有许多种，点击图层面板下方的"fx"，打开"图层样式"对话框，如图 M8-1 所示。在"混合选项"中默认为"正常"，展开可以看到"混合模式"的各个选项。可以将混合模式分为 6 组，分别是组合型、加深型、减淡型、对比型、比较型、颜色型。

1. 第一组　组合型

混合模式的第一组组合型有两种：正常和溶解。

（1）正常　图像会以原本的面貌或颜色呈现出来。在混合模式应用"正常"时，表示当前图层的图像会完全覆盖下层的图像。例如，打开模块八素材中"混合模式 1.png"图片，新建一个新图层，在新图层填充一个颜色（蓝色），会完全覆盖下面的图层。

（2）溶解　将上方图层的颜色随机地分布一些像素点，营造出溶解的效果。打开模块八素材中的"混合模式"图片，新建一个新图层，在新图层填充一个蓝色 RGB(10,20,250)。打开混合模式中的"溶解"，这时看不到效果；再点击不透明度，降低不透明度为 30%，会发现图片上出现了一些蓝色的小点，效果如图 M8-2(a)所示。如果在新图层填充一个白色，再执行相关操作，可以制作出类似雾、雪的效果，如图 M8-2(b)所示。

图 M8-1

(a)

(b)

图 M8-2

2. 第二组 加深型

混合模式的第二组加深型有5种：变暗、正片叠底、颜色加深、线性加深和深色等。使用这5种混合模式后，混合结果都会有所加深。例如，打开模块八素材中的"蝴蝶"和"男生手"图片，在"蝴蝶"文档用魔棒工具选择蝴蝶图案周围，再执行"选择"→"反选"；用移动工具将蝴蝶移到男生手上，如图 M8-3(a)所示。在蝴蝶图层，分别执行变暗、正片叠底、颜色加深、线性加深和深色等操作，可以观察到不同的变暗效果。图 M8-3(b)所示为正片叠底的效果。

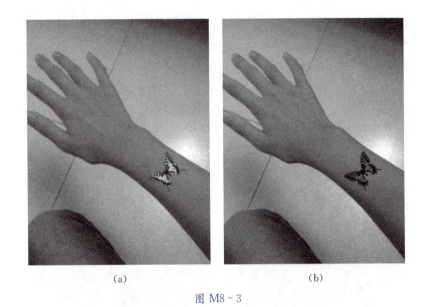

图 M8-3

3. 第三组 减淡型

混合模式的第三组减淡型也有 5 种：变亮、滤色、颜色减淡、线性减淡（添加）和浅色等。使用这 5 种混合模式后，混合结果都会有所减淡。例如：

➢ 在 Photoshop 中新建一个文件，将背景色填充为黑色。新建一个图层，绘制一个圆形并填充为红色(255,0,0)；新建一个图层，绘制一个相同大小的圆形并填充为绿色(0,255,0)；再新建一个图层，绘制一个相同大小的圆形并填充为蓝色(0,0,255)。

➢ 移动 3 个图形，叠加在一起，如图 M8-4(a)所示。

➢ 分别在红、绿、蓝 3 个图层上右击，选择混合选项，在弹出的"图层样式"对话框中，混合模式选择"线性减淡（添加）"，得出图 8-4(b)的效果。

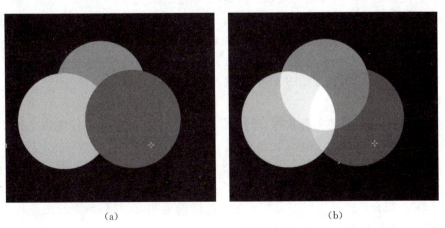

图 M8-4

4. 第四组　对比型

混合模式的第四组对比型有 7 种：叠加、柔光、强光、亮光、线性光、点光和实色混合等。使用这 7 种混合模式后，混合结果都会有明显的对比效果。例如，继续使用模块八素材中的"蝴蝶"和"男生手"图片。用移动工具将蝴蝶移到男生手上，分别执行叠加、柔光、强光、亮光、线性光、点光和实色混合等操作，可以观察到与原图明显的对比效果。如图 M8－5(a)所示为叠加的效果，如图 M8－5(b)所示为实色混合的效果。

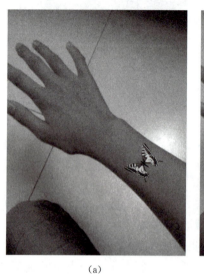 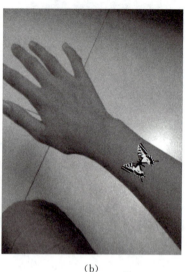

(a)　　　　　　　　　　　　(b)

图 M8－5

5. 第五组　比较型

混合模式的第五组比较型有 4 种：差值、排除、减去和划分等。使用这 4 种混合模式后，与原图比较，混合结果都会有变化效果。例如，继续使用模块八素材中的"蝴蝶"和"男生手"图片，用移动工具将蝴蝶移到男生手上，分别执行差值、排除、减去和划分等操作，可以观察到与原图的比较效果。如图 M8－6(a)所示为减去的效果，白色的部分变为纯黑，中间灰色的部分出现部分去除、部分变黑效果。再点击"划分"的选项，与减去命令相反，白的去除，黑的变为纯白，灰色是过渡色，如图 M8－6(b)所示。

6. 第六组　颜色型

混合模式的第六组颜色型有 4 种：色相、饱和度、颜色和明度等。使用这 4 种混合模式后，与原图比较，可以观察到不同的混合结果。

（1）色相混合模式　保留当前图层图像色彩的色度，然后与下层图像色彩的饱和度、亮度混合，下层图像色彩的色度、亮度不会改变。

（2）饱和度混合模式　保留当前图层图像色彩的饱和度，然后与下层图像色彩的亮度混合，下层图像色彩的色度、亮度不会改变。

（3）颜色混合模式　保留当前图层图像色彩的色度及饱和度，与下层图像色彩的亮度

模块八 Photoshop 图层混合模式和图层样式

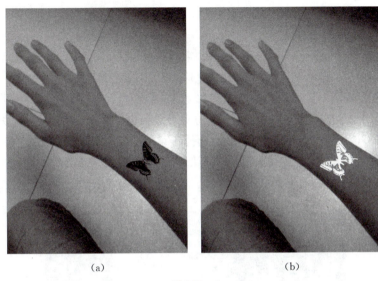

图 M8-6

混合,下层图像色彩的亮度不会改变。

(4) 明度混合模式　与颜色混合模式相反,保留当前图层图像色彩的亮度,与下面图层的色度、饱和度混合,下面图层的色度、饱和度并不会改变。

例如,打开模块八素材中的"混合模式"图片,新建一个图层,在新图层填充一个蓝色 RGB(10,20,250),执行混合模式中的"色相",效果如图 M8-7(a)所示,但右边部分混合效果不理想。执行混合模式中的"颜色"后,效果如图 M8-7(b)所示,混合后的效果比较理想。

图 M8-7

8.2　图层样式及其种类

图层样式是自 Photoshop 5.0 以后新增的一个非常实用的功能,能简化许多操作,可以使图像快速呈现不同的效果。

145

8.2.1 图层样式的种类

Photoshop 软件中内置了十多种图层样式,主要有投影(D)、内阴影(I)、外发光(O)、内发光(W)、斜面和浮雕(B)、光泽(T)、颜色叠加(V)、渐变叠加(G)、图案叠加(Y)、描边(K)等。这些都是针对单个图层而言。给某个图层加入阴影效果,那么这个图层上所有非透明的部分都会投下阴影,甚至用画笔随便涂上一笔,这一笔的阴影效果也会随之产生。例如,为一个图层增加图层样式,先将该层选为当前活动层,然后选择主菜单栏的"图层"→"图层样式",如图 M8-8 所示。也可以点击图层面板中下方的"fx"按钮,选择某项图层样式,打开"图层样式"对话框,还可以双击图层名字后的空白,弹出"图层样式"对话框,再添加不同的图层样式效果。

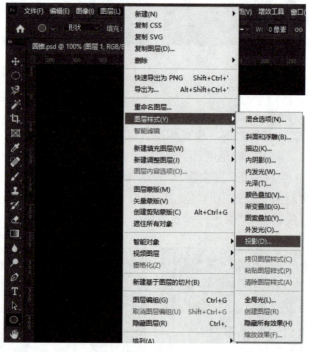

图 M8-8

8.2.2 图层样式的建立和复制

1. 图层样式的建立
- 新建一个文件并新建一个图层1,做一个矩形选区,用红色填充矩形选区。
- 主菜单"图层"→"图层样式"(或图层面板右下方点选"fx"选图层样式),选择"投影",打开"图层样式"对话框。
- 再用画笔绘一个小的"曲线"形状,这个曲线也会出现同矩形一样的阴影样式。也就是说,相同图层的图层样式效果一样,如图 M8-9(a)所示。

2. 图层样式的复制

做一个立体字效果：

> 点击文字工具"T"，输入"中国张家港"（会自动生成一个新图层），将文字调大点。
> 在图层样式面板中，右击图层1弹出快捷菜单，选择"拷贝图层样式"，再到文字层右击选"粘贴图层样式"，文字出现同图层1一样的图层样式效果，如图 M8-9(b)所示。

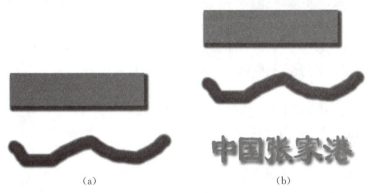

图 M8-9

图层样式的复制还可用其他方法：

> 点击样式面板右下角新建样式，命名为"投影"，确定，在样式中就会有"投影"样式。
> 选择文字层，点击样式中新建的"投影"样式，文字层就有投影效果。其他样式的操作类似。

Ps 自带多种样式。新建一个图层，执行"窗口"→"样式"打开 Photoshop 自带的样式面板，如图 M8-10 所示。有"基础""自然""皮毛"和"织物"等4类，展开各类有多个选项，点击可以选择其中的样式快捷应用。

3. 图层样式的保存和载入

（1）样式的保存　新建的样式可以保存在样式面板中。点击图 M8-10"样式"右上角的按钮，或者点击"样式"面板下方的"新建样式"按钮，可以新建样式，如图 M8-11 所示。新建的样式"存储样式"为"样式 1.asl"，可以直接调出来使用，也可以导入其他电脑中使用。还有"导入样式""重命名样式""删除样式"和"旧版本样式"等对应选项。

图 M8-10

图 M8-11

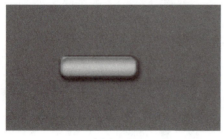

图 M8-12

（2）样式的载入　上述"样式 1.asl"（或者网上下载的 *.asl）可以载入电脑使用。在某个图层,点击样式面板右上角,选择"载入样式",载入模块八中的样式素材"1.asl",观察到添加了与"1.asl"样式相应的图层样式效果。例如,制作如图 M8-12 所示效果的 Web 按钮,参考如下操作：

➢ 在 Photoshop 软件中打开"Web 按钮 1"图片,新建与已知的"Web 按钮 1"文档尺寸相近的文档,用吸管工具吸取已知文档相同的前景色,按[Alt]+[Delete]填充新建文档的前景色。

➢ 新建一图层,用吸管工具吸取已知文档中按钮的颜色（或只要与背景色不同）。选择工具中的圆角矩形,对应属性栏"填充像素""圆角的半径"为 10 px,绘制一个圆角矩形。

➢ 使用图层样式中的"斜面和浮雕"效果。

➢ 再使用图层样式中的"渐变叠加"效果,渐变叠加中选择"线性渐变";渐变颜色设置时,分别用吸管吸取 Web 按钮 1 中深色的、淡色的部位,如图 M8-13 所示,确定。

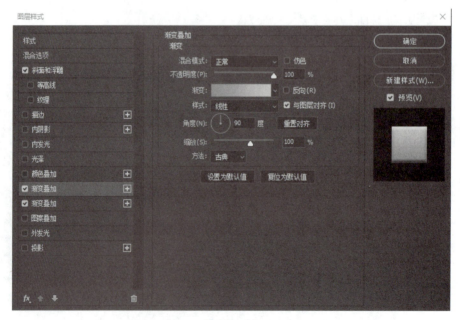

图 M8-13

➢ 使用内阴影,增加点晶莹剔透的视觉;再使用投影,增加立体效果。最终效果接近图 M8-12 效果。

➢ 同样的方法,可以制作如图 M8-14 所示,不同颜色和效果的 Web 按钮。也可以直接改变"渐变叠加"效果中的"渐变",制作出不同的 Web 按钮。

图 M8-14

 知识巩固 案例演示

演示案例 1　制作风格字(图层样式、样式复制)

演示步骤

1. 新建一个 20 厘米×10 厘米的文档,背景填充为蓝色。
2. 参考 M8-A1-1 所示的效果,输入文本"电",格式参考:微软雅黑文字、橙黄色,72,在文本层用自由变换将文字"电"略放大。
3. 将"电"栅格化,再放大。用矩形选区工具,选中笔画的尾部,再用移动工具,按住[Shift]键将尾部向右移。
4. 在文字图层,用矩形选框工具拉个长矩形,使文字和尾部衔接上,按[Alt]+[Delete],用前景色填充文字尾部的衔接区域,效果如图 M8-A1-2 所示。

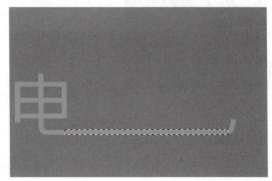

图 M8-A1-1　　　　　　　　　图 M8-A1-2

5. 按[Ctrl]+[D]取消选定。再在图层样式中设置外发光、斜面和浮雕、描边(白色)等效果,如图 M8-A1-3 所示。
6. 分别建立"子""信""息"等图层。

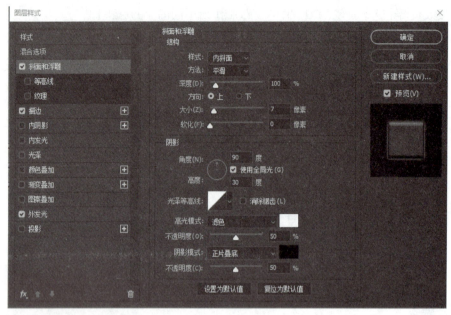

图 M8-A1-3

7. 复制样式,有两种办法:

图 M8-A1-4

➢ 直接将"电"字的图层样式,复制给"子"字。
➢ 用"电"的样式,新建一个新的样式。执行主菜单"窗口"→"样式",打开"样式"对话框,如图 M8-A1-4 所示,点击右上角选择"新建样式预设",新建出样式 1。然后在"子"字层,打开"样式"面板,直接点击"样式"中的样式 1,"子"字立刻有同"电"字一样的效果。

8. "信"字同"子"字一样的颜色和字体,栅格化,右击扭曲;然后,新建图层样式中样式 2,再增加颜色叠加(蓝色)效果。

9. "息"字同"子"字一样的颜色和字体,栅格化,右击后扭曲("信"字反方向扭曲)。

10. 最终效果可以自定,也可以参考图 M8-A1-1 的效果。

演示案例 2　中国象棋(斜面和浮雕样式、图层不透明度)

演示步骤

1. 打开素材中的象棋底板,执行主菜单"视图"→"显示"→"网格"(按[Ctrl]+[']显、隐网格)。

2. 改变网格的大小。执行主菜单"编辑"→"首选项"→"参考线、网格和切片",网格设置为 4 厘米、1 个子网格、颜色黄色(可自定)。效果参考图 M8－A2－1。

图 M8－A2－1

3. 新建图层,前景色设为蓝色(或与底板色不同的任意颜色),选择画笔工具,4 px,硬度 100%,按[Shift]沿网格画出棋盘格,按[Ctrl]+[']隐去网格,效果参考图 M8－A2－2。

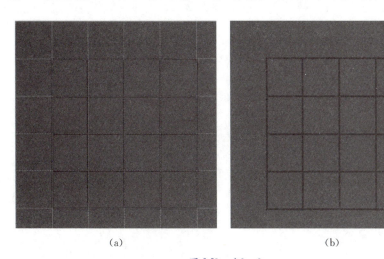

(a)　　　　　　　　　　　(b)

图 M8－A2－2

4. 给棋盘格添加向下的斜面和浮雕样式,如图 M8－A2－3 所示。然后将图层面板的"填充不透明度"改为 0%(去掉颜色但保留样式),效果如图 M8－A2－4(a)所示。

5. 打开"棋子素材",用椭圆选框工具选取一个正圆形状,用移动工具拖放到棋盘上(同时会新建图层),给棋子添加向上的斜面和浮雕样式,增加立体效果(注意:去掉"使用全局光"的勾选,否则棋盘线条会有影响)。

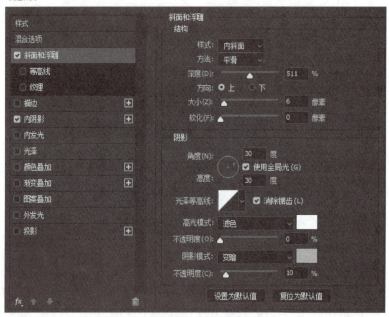

图 M8-A2-3

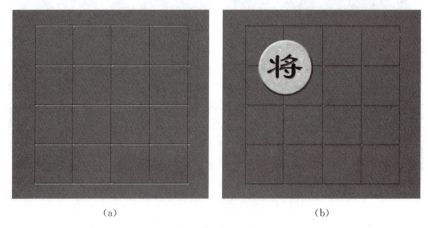

(a)　　　　　　　　　　　(b)

图 M8-A2-4

6. 在棋子上添加一个黑色的、隶书、80 点"将"字,用自由变换工具修改大小,调整位置。再给"将"字添加向下的斜面和浮雕样式,如图 M8-A2-4(b)所示。

7. 复制已有的棋子图层,用移动工具调整位置,效果如图 M8-A2-5(a)所示。

8. 复制已有的文字图层,再制成一个"帅"字,颜色改为红色,效果如图 M8-A2-5(b)所示。保存文档为"中国象棋.psd"。

模块八　Photoshop 图层混合模式和图层样式

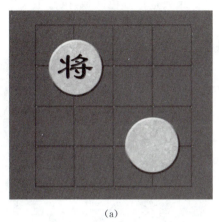
(a)

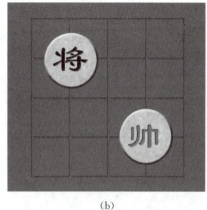
(b)

图 M8－A2－5

演示案例3　制作发光枫叶(考证真题)

演示步骤

1. 打开模块八素材中的"蓝色小球.tiff"。
2. 单击工具箱中"魔棒工具",在选项栏中设置容差为60,选取图中一个小球,如图 M8－A3－1所示。
3. 执行主菜单"选择"→"选取相似"。可执行多次命令,直至将蓝色小球全部选中,如图 M8－A3－2所示。

图 M8－A3－1

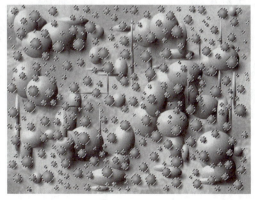

图 M8－A3－2

4. 执行主菜单"选择"→"反选",选中蓝色小球以外区域,将前景色设置为黑色,按[Alt]+[Delete]键填充选区,效果如图 M8－A3－3所示。按[Ctrl]+[D]键取消选定。

5. 打开模块八素材中的"金牌.tiff",使用魔棒工具选中黑色区域,执行主菜单"选择"→"反选",选中金牌,如图 M8-A3-4 所示。

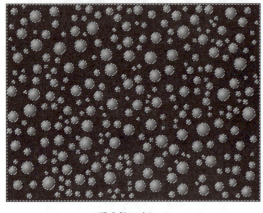

图 M8-A3-3　　　　　　　　　　图 M8-A3-4

6. 执行主菜单"编辑"→"拷贝",选中蓝色小球图像,执行主菜单"编辑"→"粘贴",将金牌粘贴到当前文件中,效果如图 M8-A3-5 所示。

7. 执行主菜单"图层"→"图层样式"→"外发光",参数设置如图 M8-A3-6 所示,效果如图 M8-A3-7 所示。

 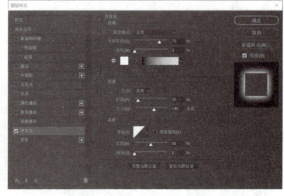

图 M8-A3-5　　　　　　　　　　图 M8-A3-6

8. 打开模块八素材中的"枫叶.psd",在图层面板中隐藏除紫色枫叶图层外的其他图层,此时图层面板如图 M8-A3-8 所示。

9. 在紫色枫叶图层中按[Ctrl]键的同时,单击图层缩览图,调出枫叶选区;按[Ctrl]+[C]键复制枫叶至剪贴板。选中蓝色小球图像,按[Ctrl]+[V]键粘贴枫叶至金牌中,效果如图 M8-A3-9 所示。

模块八　Photoshop 图层混合模式和图层样式

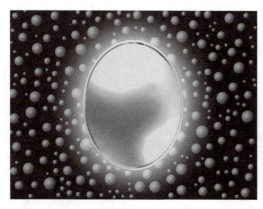

图 M8－A3－7

图 M8－A3－8

10. 使用磁性套索工具绘制出枫叶叶片选区,执行主菜单"选择"→"修改"→"收缩",收缩量设为 5 像素,按[Delete]键删除选区内图像,效果如图 M8－A3－10 所示。

图 M8－A3－9

图 M8－A3－10

11. 执行主菜单"文件"→"存储为",保存为"发光枫叶.psd"。

 举一反三　上机实战

任务 1　帆船入海效果(图层混合模式应用)

制作步骤

1. 在 Ps 中打开海景和帆船图片,如图 M8－R1－1 所示。执行"窗口"→"排列"→"在窗口中浮动",都调整为浮动窗口。

(a)　　　　　　　　　　　　　　(b)

图 M8-R1-1

2. 直接将帆船移动到海景中(带白色背景),按[Shift]键等比例调整帆船的大小,如图 M8-R1-2(a)所示。

3. 将帆船图层的混合模式设置为"正片叠底",效果如图 M8-R1-2(b)所示。

(a)　　　　　　　　　　　　　　(b)

图 M8-R1-2

4. 采用类似上述操作,打开小船和湖面素材,如图 M8-R1-3(a)所示。调整窗口以便操作。

5. 执行"选择"→"主体"或者快速选择工具,选中小船。

6. 用移动工具将小船移到湖面上,按快捷键[Ctrl]+[T]调整小船的大小和位置。

7. 选择图层混合模式中的某个选项,如溶解、线性减淡,观察效果。最终效果参考如图 M8-R1-3(b)所示。

(a)

(b)

图 M8-R1-3

任务 2　鸡心形巧克力

制作步骤

图 M8-R2-1

1. 打开模块八中的"巧克力"图片,如图 M8-R2-1 所示。新建一个与已知文档尺寸相近的文档,将前景色设为巧克力色 RGB (150,100,70)(供参考)。

2. 点击"自定形状工具",选"填充像素",在右边黑三角形下拉菜单中选"全部",找到"红心"形。新建图层,绘制一个"红心"图。

3. 图层样式(fx)中选择"斜面和浮雕",也可再加点"投影"。

4. 再新建一图层,更换一个前景色(与巧克力色有区别),在"自定形状工具"中选择"皇冠 3"形状,绘制一个皇冠,调整大小和位置。

5. 给皇冠形状添加向下的斜面和浮雕样式,效果参考图 M8-R2-1(也可自定)。

6. 将皇冠图层"不透明度"的填充降低或改为 30%,皇冠的颜色不显示。

7. 再新建一图层,在"自定形状工具"中选择"花形",绘制两个花的形状,调整大小和位置。

8. 将皇冠的"图层样式"复制到花的图层("拷贝图层样式"→"粘贴图层样式"),也可再调整"花"的图层样式。保存为"巧克力.psd"。

任务 3　证书添加浮雕水印

制作步骤

1. 打开素材"原证书",如图 M8-R3-1 所示。拖出一个大小适合做水印的区域,按[Ctrl]+[N]就可以新建一个和选框一样大小的文档。或按[F7]显示图层面板,新建一图层,在新图层用矩形选框在右上角拖出一个大小适合做水印的区域,观察大小约为 100 px×25 px。

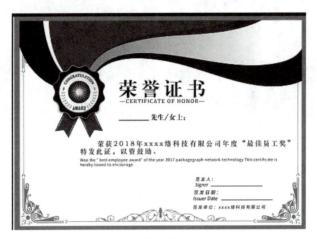

图 M8－R3－1

2. 建立一个大小约为 100 px×25 px 的浮雕水印:
➢ 新建一个大小约为 100 px×25 px 的文档,背景为透明。
➢ 点击工具中的文本"T",输入文字"金日科技",字体自选,字符大小和间距的设置可参考图 M8－R3－2(a)所示。

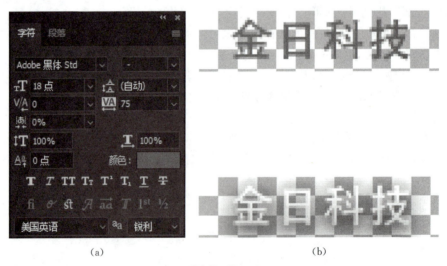

(a)　　　　　　　　　　　(b)

图 M8－R3－2

➢ 在图层面板下方点击"fx",打开图层样式面板,文本"图层样式"的设置可参考图 M8－R3－3,文本设置后的效果如图 M8－R3－2(b)所示。
➢ 执行"编辑"→"定义图案",输入图案名称"金日科技",确定,即针对文本"金日科技"进行"定义图案"操作。

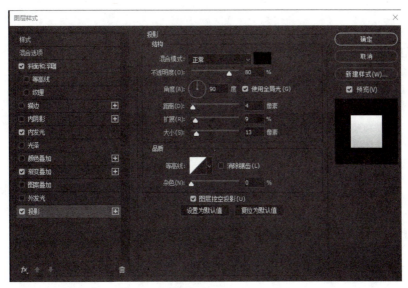

图 M8-R3-3

3. 回到"原证书"文档,新建一图层,执行"编辑"→"填充",用名称为"金日科技"的图案填充整个证书。填充后,可以在图层面板中修改"不透明度"为50%~60%,观察证书的水印效果。

4. 若对水印效果不满意,需要调整文本,则回到文本"金日科技"的图层样式中修改,再"定义图案",再执行图案填充操作,直到对水印效果满意,如图 M8-R3-4 所示。

图 M8-R3-4

模块小结

本模块学习了图层混合模式及其分组、图层样式及其种类。通过演示案例和任务的学习,增强了图层混合模式及图层样式的应用技能。

模块九　Photoshop 滤镜效果

Photoshop 提供了十几类近百种滤镜,使用不同滤镜可以制作出不同的图像效果。

而将多个滤镜叠加使用,更是可以制作出奇妙和特殊的效果。滤镜能为图像增辉添彩,如果没有滤镜,Photoshop 功能会大打折扣,许多效果将无法实现。

- Photoshop 滤镜的概念
- Photoshop 常用滤镜初体验

9.1　滤镜的概念

9.1.1　滤镜的概念

Photoshop 滤镜是图像的特效处理工具,能对图像进行各种特效处理以产生奇妙的效果。执行主菜单"滤镜"可以看到其下拉菜单中显示的多种内置滤镜,并且每个级联菜单下会显示不同滤镜的名细,如图 M9-1 所示。

9.1.2　滤镜类别

1. 内置滤镜

Photoshop 软件安装后,窗口主菜单"滤镜"下拉菜单显示的都是内置滤镜。有的内置滤镜在"滤镜"下拉菜单不显示。可以手动开启显示全部内置滤镜。按组合键[Ctrl]+[K]打开"首选项"对话框,在"增效工具"中勾选"显示滤镜库的所有组和名称"项,可以显示所有滤镜。如图 M9-2 所示的滤镜下拉菜单中比图 M9-1 的下拉菜单中的项目明显增多。

Photoshop 内置滤镜又可以分为两类:一类是破坏性滤镜,一类是校正性滤镜。

(1) 破坏性滤镜　Photoshop 滤镜大多数都是破坏性滤镜,这些滤镜执行的效果非常明显,有时会把图像处理得面目全非,产生无法恢复的破坏,合理利用破坏性滤镜可以产生意外惊喜。破坏性滤镜主要包括风格化、画笔描边、扭曲、素描、纹理、像素化、渲染、艺术效果等。

模块九　Photoshop 滤镜效果

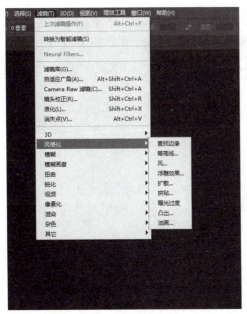

图 M9-1

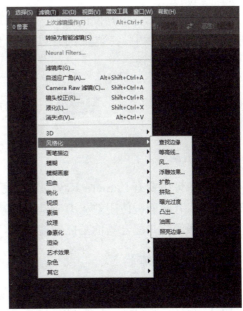

图 M9-2

（2）校正性滤镜　主要用来对图像进行一些校正与修饰，包括改变图像的焦距，改变图像的颜色深度，柔化、锐化图像等。校正性滤镜包括镜头校正、模糊、锐化、杂色等。

2. 滤镜库

滤镜库是集成了多种滤镜效果的面板，Photoshop 将这些经常使用的滤镜放在滤镜库中以便快速找到，极大地提高图像处理的灵活性、机动性和工作效率。执行主菜单"滤镜"→"滤镜库"，打开滤镜库对话框，可以看到"滤镜库"中的各类滤镜，如图 M9-3 所示，主要包括风格化、画笔描边、扭曲、素描、纹理和艺术效果。

图 M9-3

3. 外挂滤镜

外挂滤镜是由第三方开发的滤镜,是 Photoshop 软件中滤镜的补充。外挂滤镜需要安装到 Photoshop 软件中,安装好的外挂滤镜会显示在滤镜下拉菜单的下方,使用方法和 Photoshop 内置的滤镜一样。

9.2 常用滤镜初体验

9.2.1 常用滤镜

常用的滤镜主要有 Camera Raw 滤镜、镜头校正、模糊、风格化、像素化、扭曲、锐化、渲染和杂色等。有的滤镜使用效果直观有效、立竿见影;许多滤镜的使用需要在学习、反复实践过程中积累经验并配合其他功能的使用后,才能达到理想的效果。

9.2.2 常用滤镜体验

学会 Photoshop 中常用滤镜的使用,能为日常的图像处理带来许多意想不到的效果。同样,照片中对象的拉直通过滤镜也快捷有效。

1. 荷塘雨景效果

➢ 打开本素材中"荷塘"图片,如图 M9-4(a)所示。按[Ctrl]+[J]复制出图层1。
➢ 在图层1执行"滤镜"→"像素化"→"点状化",打开点状化对话框,单元格大小设置为5(图像较大,可选5),如图 M9-4(b)所示。

(a)　　　　　　　　　　　　　　(b)

图 M9-4

➢ 再执行"滤镜"→"模糊"→"动感模糊",角度 70°左右,距离 15 像素左右。
➢ 图层1的混合模式选"滤色",效果是把深色的元素去掉,并使淡色的更淡。
➢ 将图层1的不透明度降低到 70%,实现荷塘雨景效果,如图 M9-5 所示。

模块九　Photoshop 滤镜效果

图 M9-5

2. 草地雪景效果
➢ 雪景效果和雨景效果的制作方法类似。打开本模块素材"草地"图片,如图 M9-6(a)所示。可以和制作雨景一样复制一层,也可以新建图层。现新建图层 1,并将图层 1 填充为黑色。
➢ 执行主菜单"滤镜"→"像素化"→"点状化",打开对话框,单元格大小设置为 8(雪花可以比雨点的数值大点),效果如图 M9-6(b)所示。

 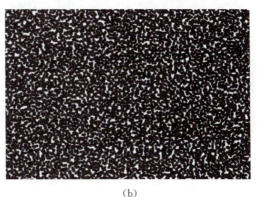

(a) (b)

图 M9-6

➢ 再执行主菜单"滤镜"→"模糊"→"动感模糊",设置参考图 M9-7。
➢ 图层 1 的混合模式选"滤色"(滤色的效果是黑的去掉,让淡色的更淡)。将图层 1 不透明度降低到 60%,效果如图 M9-8(a)所示。观察到草地和树木上几乎没有积雪。
➢ 增加草地积雪效果。隐藏图层 1,在背景层执行"图像"→"调整"→"替换颜色",打开"替换颜色"对话框,用"吸管工具"吸取草地,并将明度调高。

163

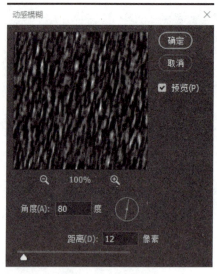

图 M9-7

➢ 显示图层1，观察到草地和树木上都有积雪的真实效果，如图 M9-8(b)所示。

(a)   (b)

图 M9-8

3. 天空云朵

➢ 打开模块九素材中的"海边.jpg"，如图 M9-9(a)所示，图像中没有云朵。

➢ 新建图层1，用矩形选框工具在图像上方拉出一个矩形选区。执行"滤镜"→"渲染"→"云彩"，出现云层的效果，如图 M9-9(b)所示。用减淡工具和加深工具将云层涂抹均匀。

➢ 将图层混合模式的"正常"改为"柔光"，出现白色云朵效果，如图 M9-10(a)所示。

➢ 用橡皮擦工具擦除靠近山体部分的云朵，调整橡皮擦大小（硬度10%、透明度50%），修改云朵的风格，再适当改变图层面板中的透明度，效果如图 M9-10(b)所示。

(a) (b)

图 M9-9

(a) (b)

图 M9-10

4. 山间起雾效果

➤ 打开本素材中"山水图.jpg",如图 M9-11 所示。按[Ctrl]+[J]复制出图层 1。

➤ 在图层 1 执行"滤镜"→"Camera Raw 滤镜",打开"Camera Raw 14.4 滤镜"对话框,将"白色"调低一点,"高光"调低一点,"黑色"调高一点,"阴影"调暗一点,"纹理"调少一点,如图 M9-12 所示。再按[Alt]+[Ctrl]+[F]执行 Camera Raw 滤镜 2 次。

图 M9-11 图 M9-12

➢ 再执行"图像"→"调整"→"色相/饱和度",适当降低"明度",使图片整体效果模糊一些,为雾的效果打好基础。

➢ 新建一个图层2,前景和背景为默认的黑白。执行"滤镜"→"渲染"→"云彩"2～3次,如图 M9‑13(a)所示。然后用工具栏的"加深工具"和"减淡工具",将云层中的黑白调得比较均匀,如图 M9‑13(b)所示。

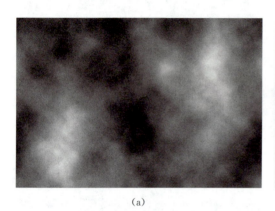
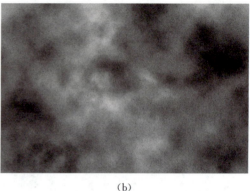

(a)　　　　　　　　　　　　　　　(b)

图 M9‑13

➢ 继续图层2的操作,图层混合模式选择"滤色",效果如图 M9‑14 所示,完成雾效果的制作。

图 M9‑14

5. 雨后彩虹效果

➢ 打开本模块素材中的"海景.jpg",按[Ctrl]+[U]打开"色相/饱和度"对话框,将饱和度适当调高,使图像更加鲜亮。

➢ 新建图层,用矩形工具拖出一个上下方向的矩形(因为"切变"滤镜为左右扭曲)。

➢ 线性渐变填充。根据彩虹的自然颜色红、橙、黄、绿、青、蓝、紫设置线性渐变颜色,如图 M9‑15 所示。

➤ 从左向右线性填充,效果如图 M9-16 所示。按[Ctrl]+[D]取消选择。

图 M9-15

图 M9-16

➤ 执行"滤镜"→"扭曲"→"切变",在"切变"对话框中点击出现折回点。将折回点往左略偏下的方向滑动,参考图 M9-17 的效果(将折回点拖到框外,折回点会自动消失)。

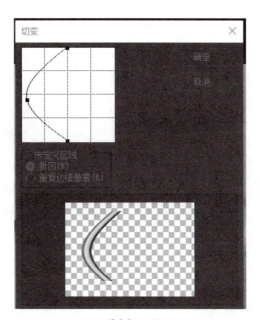

图 M9-17

➤ 执行"切变"滤镜后,效果如图 M9-18(a)所示。按[Ctrl]+[T]后再旋转 90°,如图 M9-18(b)所示。

(a)　　　　　　　　　　　　　　(b)

图 M9 - 18

- 调整彩虹为较自然的角度。执行"滤镜"→"模糊"→"高斯模糊",半径为5,确定,如图 M9 - 19(a)所示。再执行高斯模糊 2～3 次。
- 淡化彩虹两端。使用橡皮擦工具(按中括号切换,改变橡皮头的大小),在彩虹两端来回擦(在橡皮擦工具对应的功能属性栏模式中将"画笔"不透明度改为 50%),使彩虹两端模糊一点以增加自然效果。
- 将图层的不透明度也改为 50%,增加整个彩虹的自然效果,如图 M9 - 19(b)所示。

(a)　　　　　　　　　　　　　　(b)

图 M9 - 19

6. 照片中人、物对象拉直效果
- 打开模块九素材中的"人物需校正.jpg"素材,如图 M9 - 20(a)所示。按[Ctrl]+[J]复制图层。
- 执行"滤镜"→"镜头校正",在打开的"镜头校正"对话框中,点击左上角的第二个"拉直工具"。
- 鼠标从图像中需要拉直对象的顶部,直线拉到对象的底部,可以观察到人物对象的角度的变化,确定后,效果如图 M9 - 20(b)所示。

模块九　Photoshop 滤镜效果

(a)

(b)

图 M9 - 20

试试　用同样的操作方法，可以完成图 M9 - 21 中建筑物的拉直。

图 M9 - 21

 学　知识巩固　案例演示

演示案例 1　火焰效果文字(滤镜"风""扭曲")

演示步骤

1. 新建一个 180 px×180 px、颜色模式为 RGB 且背景为黑色的文档。
2. 用文本工具输入文字"火焰"，字体黑体或隶书，颜色 RGB(250,210,0)，如图 M9 - A1 - 1(a)所示。

3. 拼合现有的两图层，按[Ctrl]+[＋]放大画布显示。执行主菜单"图像"→"图像旋转"，逆时针 90°（因为风吹效果滤镜只能左右方向吹），如图 M9－A1－1(b)所示。

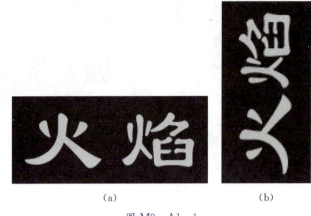

(a)　　　　　　　(b)

图 M9－A1－1

4. 执行"滤镜"→"风格化"→"风"，打开滤镜风的对话框，参考如图 M9－A1－2 的默认设置。

图 M9－A1－2

5. 按[Alt]+[Ctrl]+[F]重复使用上一次滤镜，直到效果如图 M9－A1－3(a)所示。

6. 再执行"图像"→"图像旋转"，顺时针 90°再将字转回来，效果如图 M9－A1－3(b)所示。

7. 执行"滤镜"→"扭曲"→"波纹"，打开滤镜"波纹"的对话框，参考如图 M9－A1－4 的设置，数值为 150 左右。将火焰扭曲得自然美观。

8. 调颜色。执行"图像"→"调整"→"色彩平衡"，设置参考图 M9－A1－5，确定。

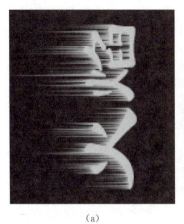
(a)

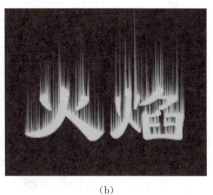
(b)

图 M9-A1-3

图 M9-A1-4

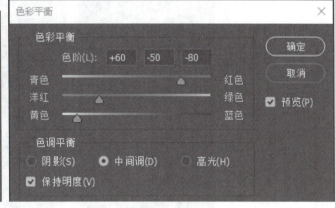

图 M9-A1-5

9. 调整火焰字的效果,如图 M9-A1-6 所示。保存为"火焰效果.jpg"。

图 M9-A1-6

演示案例2　孔雀开屏

演示步骤

1. 新建一个文档，600 px×600 px，颜色模式 RGB，且背景内容为黑，其他默认。
2. 新建一图层，拉出一个上下方向细长的矩形选框，填充白色。按[Ctrl]+[D]取消选区。
3. 主菜单执行"滤镜"→"风格化"→"风"，在"风"对话框中设置方向为左，确定。再连续执行"滤镜"→"风"操作两次，效果如图 M9-A2-1(a)所示。
4. 按[Ctrl]+[T]自由变换，右击打开快捷菜单，选"斜切"；将鼠标放在左边中间的控点上，往上移，效果如图 M9-A2-1(b)所示，回车确认。

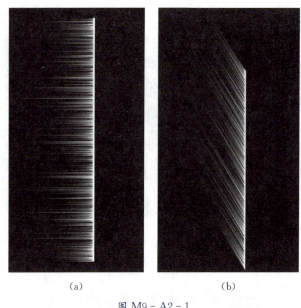

(a)　　　　　　　(b)

图 M9-A2-1

5. 按[Ctrl]+[J]复制该层，将复制出的内容执行"编辑"→"变形"再水平翻转后右移，形成如图 M9-A2-2(a)所示的效果。在复制的图层，执行"图层"→"向下合并"，或按[Ctrl]+[E]合并图层。
6. 在该图层，按[Ctrl]+缩览图，上下方向线性填充为多彩色（图像-模式下为 RGB），按[Ctrl]+[D]取消选定，得到一根彩色羽毛，如图 M9-A2-2(b)所示。
7. 利用变形工具将这根彩色羽毛逆时针旋转 90°，使羽毛水平放置。
8. 复制一个副本层，在副本层按[Ctrl]+[T]键，再将羽毛中心点移到羽毛顶点，将羽毛顺时针旋转一个角度，效果如图 M9-A2-3 所示。

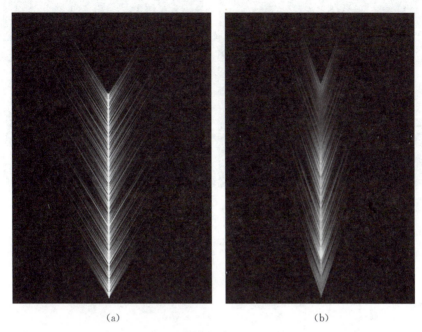

(a)　　　　　　　　　　　　(b)

图 M9 - A2 - 2

图 M9 - A2 - 3

9. 点击副本层,主菜单执行"编辑"→"变换"→"再次",会继续重复第 8 步的操作。再复制出另一根羽毛。反复操作,得到多根羽毛。

10. 按[Shift]键同时选择多个层,调整位置,再合并所有可见图层,直到效果如图 M9 - A2 - 4 所示。

11. 打开模块三素材中已制作好的"孔雀身躯.psd",按[Ctrl]+[T]选中孔雀身躯,移到上图中,调整到合理的大小和位置,效果如图 M9 - A2 - 5 所示。保存为"孔雀开屏.psd"和"孔雀开屏.jpg"。

图 M9-A2-4

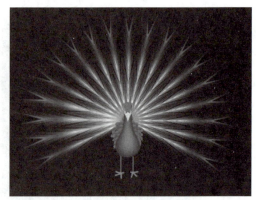
图 M9-A2-5

演示案例3　制作发光台球

演示步骤

1. 启动 Photoshop 软件新建一个文档,文档的设置如图 M9-A3-1 所示。
2. 设置前景色为 RGB(50,150,0),按[Alt]+[Delete]键填充背景图层。执行主菜单"滤镜"→"滤镜库"→"纹理"→"纹理化",各参数设置如图 M9-A3-2 所示。

图 M9-A3-1

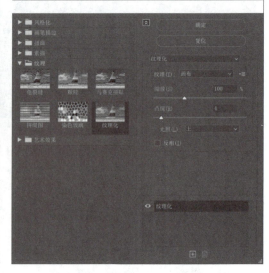
图 M9-A3-2

3. 在图层面板中双击背景图层,在弹出的新建图层对话框中单击[确定]按钮,将背景图层转换为图层 0。

4. 新建图层 1,设置前景色为黑色,选择渐变工具,单击选项栏中的"点按可编辑渐变"按钮,参数设置如图 M9－A3－3 所示。

5. 在选项栏中选择"线性渐变"按钮,将"不透明度"选项设置为 50%,按[Shift]键的同时在画面中从上到下填充,效果如图 M9－A3－4(a)所示。

图 M9－A3－3

(a) (b)
图 M9－A3－4

6. 新建图层 2,选择椭圆工具,在选项栏中选择"像素"模式,按[Shift]键的同时在画面中绘制圆形,效果如图 M9－A3－4(b)所示。

7. 单击图层控制面板下方的"添加图层样式"按钮,选择"外发光"选项,设置发光颜色为黑色,其他选项设置如图 M9－A3－5 所示。

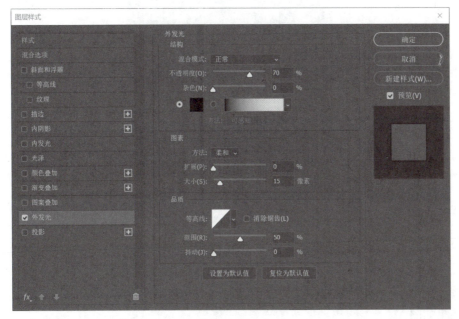
图 M9－A3－5

8. 新建图层3,设置前景色为白色,使用椭圆工具在黑色圆形左上方绘制圆形,如图 M9-A3-6(a)所示。

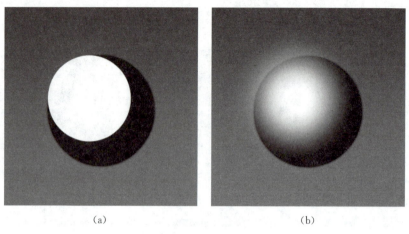

(a)   (b)

图 M9-A3-6

9. 执行主菜单"滤镜"→"模糊"→"高斯模糊",设置半径为70像素,效果如图 M9-A3-6(b)所示。

10. 创建图层3副本图层,按[Ctrl]+[T]键,出现控制手柄后,按住[Shift]+[Alt]键同时向内拖曳调整图形大小,效果如图 M9-A3-7 所示。

图 M9-A3-7

11. 选择"图层3拷贝图层",添加"内阴影"图层样式,将阴影颜色设置为 RGB(255,245,200),其他参数设置如图 M9-A3-8 所示。

12. 新建图层4,使用椭圆工具在黑色圆形右下方绘制圆形,设置图层的不透明度为25%,效果如图 M9-A3-9(a)所示。

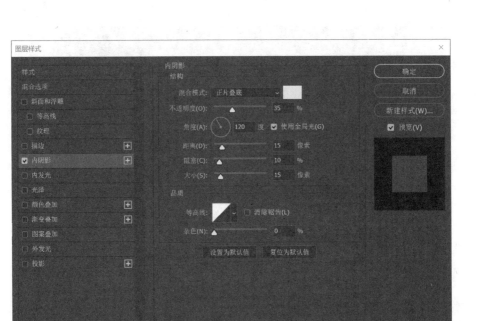

图 M9 - A3 - 8

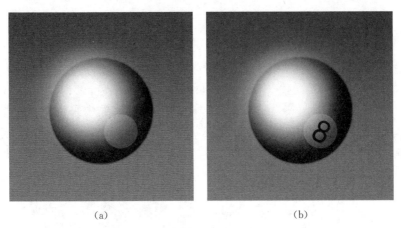

(a) (b)

图 M9 - A3 - 9

13. 在工具箱中选择"横排文字工具",在选项栏中设置字体为黑体,大小为 48 点,颜色为黑色,输入数字 8;按[Ctrl]+[T]键调整文字方向和位置,效果如图 M9 - A3 - 9(b)所示。

14. 新建图层 5,设置前景色为黑色,使用椭圆工具在黑色圆形下方绘制椭圆,按[Ctrl]+[T]键调整椭圆大小至合适位置,效果如图 M9 - A3 - 10(a)所示。

15. 执行主菜单"滤镜"→"模糊"→"高斯模糊",设置半径为 15 像素,完成后将图层 5 移至图层 2 下方,效果如图 M9 - A3 - 10(b)所示。

(a) (b)

图 M9－A3－10

16. 执行主菜单"文件"→"存储为",存储为"发光台球.psd"于模块九文件夹中。

  举一反三　上机实战

任务 1　玉手镯制作(考证真题)

制作步骤

1. 新建一个大小为 600 px×600 px,RGB 模式,背景内容为白色,其他默认的文档。前景色设置为 RGB(0,76,220),按[Ctrl]+[Delete]键填充前景色。

2. 执行"滤镜"→"渲染"→"纤维"命令,在弹出的对话框中采用默认参数,确定。按[Ctrl]+[Alt]+[F]重复使用上一次滤镜,查看变化效果,如图 M9－R1－1(a)所示。

3. 再执行"滤镜"→"纹理"→"染色玻璃"命令,在弹出的对话框中设置单元格大小为 10,边框粗细为 3,光照强度为 3,确定,查看变化效果,如图 M9－R1－1(b)所示。

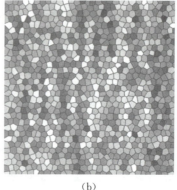

(a) (b)

图 M9－R1－1

4. 新建图层 1,用辅助线定好中心位置,前景色设为默认。选择"椭圆选框工具",按住 [Alt]+[Shift]键绘制一个正圆,填充黑色,如图 M9-R1-2(a)所示。按[Ctrl]+[D]取消选区,接着再拉出一个同心的正圆选区,按[Delete]删除中间部分得到圆环,如图 M9-R1-2(b)所示。

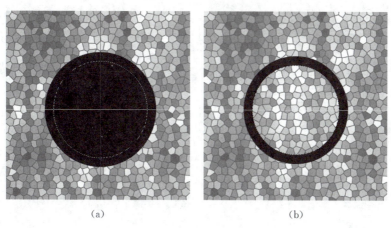

图 M9-R1-2

5. 在图层面板下方按"fx",打开"图层样式"对话框,勾选"投影"选项,展开"投影"选项边的"+"号,设置图层"混合模式"为正片叠底,不透明度为 42%左右,角度为 125。左右,距离为 5,扩展为 0,大小为 5,杂色为 0%,如图 M9-R1-3 所示。

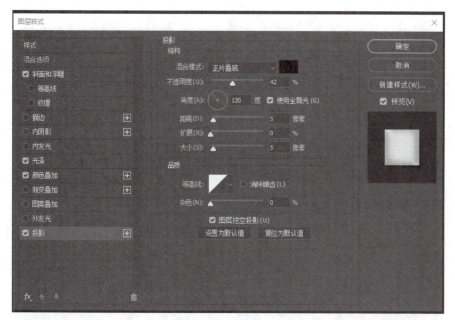

图 M9-R1-3

6. 接着勾选内阴影选项,设置混合模式为正片叠底,不透明度为35%,角度为130,距离为3,大小为7,如图 M9-R1-4 所示。

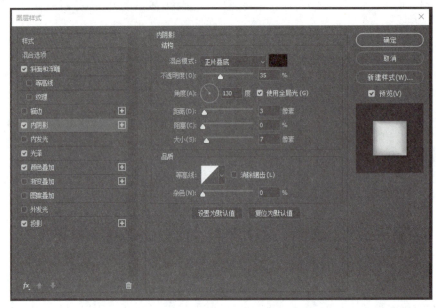

图 M9-R1-4

7. 再设置斜面与浮雕选项,内斜面,平滑,设置深度为100%,大小3,软件16,角度130,使用全局光,高度为70,如图 M9-R1-5 所示。

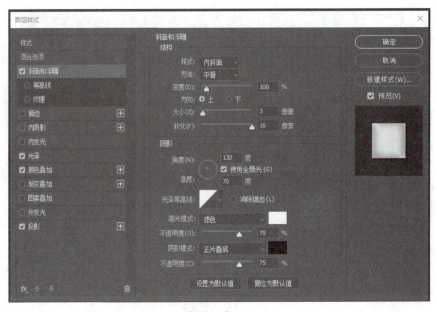

图 M9-R1-5

8. 勾选光泽选项，设置混合模式为正常，颜色为 RGB(226,255,228)，不透明度为 83%，角度为 30，距离为 32，大小为 62，如图 M9-R1-6 所示。

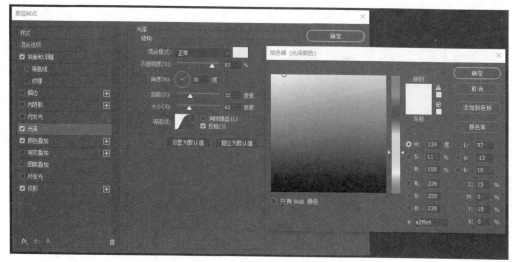

图 M9-R1-6

9. 再勾选颜色叠加，设置混合模式为叠加，颜色为 RGB(52,222,96)，不透明度为 100%，如图 M9-R1-7 所示。

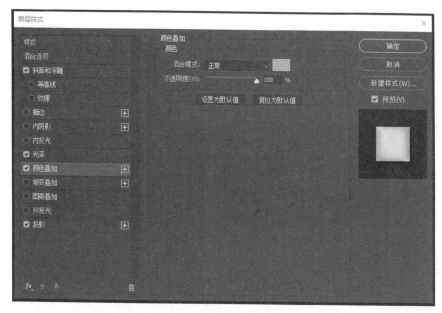

图 M9-R1-7

10. 勾选图案叠加选项,设置缩放为100,选择一种图案(水滴)即可,确定。参考效果如图 M9-R1-8 所示。也可以再修改成其他图案。存储为"玉手镯.psd"于模块九文件夹中备用。

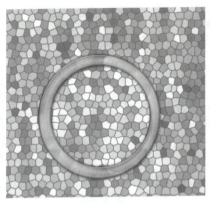

图 M9-R1-8

任务2　烟花绽放效果

制作步骤

1. 新建一个 600×600(px)的文档,RGB 模式,背景填充为黑色,其他默认。
2. 执行"滤镜"→"杂色"→"添加杂色",打开的"添加杂色"对话框中,设置数量22%,确定。
3. 再执行"图像"→"调整"→"阈值",打开的"阈值"对话框中,设置为56,出现白色点。
4. 为了使烟花不出边缘,用套索工具将左边缘套住,套出的部分填充为黑色,如图 M9-R2-1(a)所示。

(a)　　　　　　　　　(b)

图 M9-R2-1

5. 执行"滤镜"→"风格化"→"风",打开"风"对话框,设置向左吹 2～4 次,效果如图 M9-R2-1(b)所示,确定。

6. 执行"图像"→"图像旋转"→"逆时针旋转 90 度",使图形呈向下的辐射状。

7. 执行"滤镜"→"扭曲"→"极坐标",确定,如图 M9-R2-2 所示。

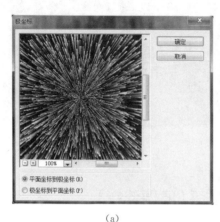
(a)

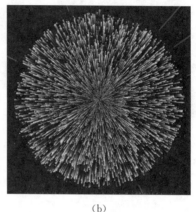
(b)

图 M9-R2-2

8. 按[Ctrl]+[J]复制图层,用径向渐变工具,模式为"颜色",用彩色,从内向外填充,如图 M9-R2-3 所示。如果不满意,可以再复制图层,直到获得满意的效果。

(a)

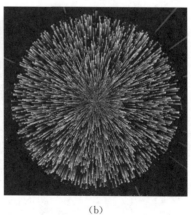
(b)

图 M9-R2-3

9. 右击烟花选择变形,用鼠标将中心位置往上移,调整到更自然的烟花效果,如图 M9-R2-4 所示。完成烟花效果。

10. 打开夜景图片,移入已制作完成的烟花。按[Ctrl]+[L]打开"色阶"对话框调整(使夜景的黑色更黑),移入烟花后与底色更吻合。也可以移入多个烟花到夜景中,调整不同烟花的"色相/饱和度",如图 M9-R2-5 所示。

图 M9-R2-4

图 M9-R2-5

任务3　玻璃质感(玻璃滤镜)

制作步骤

1. 打开模块九中素材"外景.jpg",显示标尺并设置标尺单位为像素,使图像与标尺接近,方便操作,如图 M9-R3-1 所示。

图 M9-R3-1

2. 将图形分4份,依次创建4个相邻的矩形选区。通过主菜单"图像"→"图像大小"查看图像大小为860像素。用矩形选区工具选择左边的图像(选框显示宽为215像素时,释放鼠标)。按[Ctrl]+[J]复制,左边1/4部分的图像已复制到图层1。

3. 回到背景图层，用矩形选区工具，从 215 像素处再拉出一个 215 像素的矩形选区。按[Ctrl]+[J]复制，左边第 2 个 1/4 部分的图像已复制到图层 2。再回到背景图层，依次将图像分成 4 部分，并分别复制于 4 个不同的图层。图层面板如图 M9-R3-2 所示。隐藏背景图层后，4 个图层正好组成完整的图像。

4. 针对 4 个新图层操作不同的玻璃滤镜效果：

> 先选择图层 1，执行"滤镜"→"滤镜库"，打开滤镜库窗口。在"滤镜库"窗口的右上角，点击"扭曲"→"玻璃"，可以进一步设置玻璃滤镜效果。图层 1 设置扭曲度 10、平滑度 5、纹理为块状、缩放 120%，如图 M9-R3-3 所示。

图 M9-R3-2

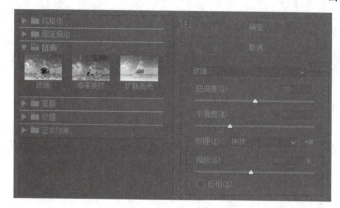

图 M9-R3-3

> 图层 2 设置扭曲度 20、平滑度 6、纹理为画布、缩放 130%，如图 M9-R3-4 所示。

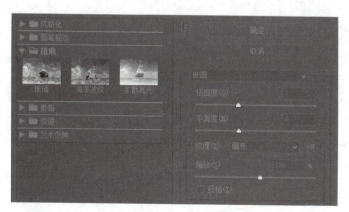

图 M9-R3-4

> 图层 3 的纹理选择小镜头，其他参数可以根据喜好设置。
> 图层 4 的纹理可以使用"载入纹理"。点击右边的"载入纹理"按钮，载入模块九素材

185

中"载入纹理"中的"纹理 1.psd""纹理 2.psd"或"纹理 3.psd"。可以载入不同的纹理,再适当调整扭曲度和平滑度。

5. 效果参考图 M9-R3-5。其中的图层 4 载入了模块九素材中的"纹理 2.psd"。

图 M9-R3-5

6. 添加水珠效果。打开模块九素材中"载入纹理"中的"水珠.png"图像,将该图像移入到场景中 2 次(左部和中部),调整"水珠.png"图像的大小。也可再对水珠图层设置"图层混合模式"中的"正片叠底""滤色"等,最终效果如图 M9-R3-6 所示。

图 M9-R3-6

模块小结

在本模块中先通过 Photoshop 中常用滤镜的学习,体验到了滤镜的快捷有效和滤镜效果的绚丽多彩;进一步完成演示案例和案例后的任务,能增强滤镜效果的应用技能,逐渐拓展图形图像处理在实践中的应用范围。

模块十 蒙版知识和应用

蒙版即蒙在上面的板子。掌握 Photoshop 蒙版知识和技术,可以创作出许多特殊效果的图形和图像。

知识要点

- 蒙版的概念和常用操作
- Photoshop 蒙版种类及应用

10.1 蒙版的概念

1. Photoshop 蒙版的概念

Photoshop 蒙版是一种遮盖图像操作,就是运用黑、白和不同程度的灰色来控制画面显示的程度。使用黑色遮盖后,完全看不到后面的情况;使用白色遮盖后,会完全看到后面;而使用灰色遮盖后,能看到后面,但是不清晰。

对图像的某一特定区域运用颜色变化、滤镜和其他效果,没有被选的区域(也就是黑色区域)就会受到保护和隔离而不被编辑。使用蒙版可保护部分图层,使该图层素材不被破坏。蒙版可以控制图层区域内的部分内容,也可隐藏或显示。更改蒙版可以对图层应用各种效果,不会影响该图层上的图像。蒙版虽然是种选区,但它跟常规的选区颇为不同。常规的选区表现了一种操作趋向,即处理所选区域;而蒙版却相反,它是保护所选区域,让其免于操作,而对非掩盖的地方应用操作。

2. Photoshop 蒙版的常用操作

打开一个素材文件,按[F7]键显示"图层"面板,如图 M10-1 所示。

(1) 添加蒙版　点击面板下方的"添加矢量蒙版"按钮,可以添加蒙版。

(2) 停用图层蒙版　在图层蒙版缩览图单击右键,弹出命令对话框,选择"停用图层蒙版"。

(3) 启用图层蒙版　在图层蒙版缩览图单击右键,弹出命令对话框,选择"启用图层蒙版"。

（4）应用图层蒙版　在蒙版缩览图上单击右键，选择"应用图层蒙版"，蒙版的效果即应用在图层上，而蒙版会被去除。

（5）删除蒙版　用鼠标左键按住蒙版缩览图向右下拖动到"删除按钮"上。

（6）蒙版选项　在蒙版缩览图上单击右键，选择"蒙版选项"，弹出如图 M10-2 所示的对话框，默认是红色（点击红色块，可以修改颜色），不透明度 50%，表示半透明，主要用于快速蒙版。

图 M10-1

图 M10-2

10.2　Photoshop 蒙版种类及应用

1. 图层蒙版

图层蒙版使用较广：

➢ 图层蒙版是灰度图像，因此，用黑色绘制的内容将会隐藏，用白色绘制的内容将会显示，而用灰色绘制的内容将以各级透明度显示。

➢ 添加图层蒙版后，所做的操作是作用在蒙版上，而不是图层上。图层蒙版常用于图像的合成，能让两个图像无缝合成在一起。如图 M10-5 所示的美景图片，图片上下部分，是添加图层蒙版后两个不同的图片无缝合成在一起形成的。

2. 快速蒙版

（1）快速蒙版的概念　快速蒙版和图层蒙版是完全不同的概念。快速蒙版模式可以将任何选区作为蒙版进行编辑。将选区作为蒙版来编辑的优点是灵活，而且几乎可以使用任何 Photoshop 工具或滤镜修改蒙版。

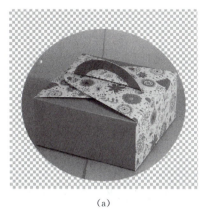  

(a)　　　　　　　　　(b)　　　　　　图 M10 - 4

图 M10 - 3

图 M10 - 5

（2）快速蒙版的使用　参考步骤：
➢ 用选框工具创建一个矩形选区，可以进入"快速蒙版"模式并使用画笔扩展或收缩选区。
➢ 打开一张图并复制图层，按[Q]或者点击工具栏底部的"以快速蒙版工具编辑"（如果找不到，可以点击主菜单右上角的"基本功能"→"复位基本功能"）。
➢ 默认前景色和背景色，用画笔工具涂抹，观察到：用黑色涂抹的内容是粉红色透明区域，用白色涂抹的内容将会恢复显示。
➢ 按[Q]退出快速蒙版，出现选区。

学 知识巩固 案例演示

演示案例1　撕纸效果

演示步骤

1. 打开本模块素材中的"撕纸素材.jpg",按[Ctrl]+[+]放大图像。

2. 解锁背景层成为普通图层0(就可以将背景层上移);新建图层1,将图层0和图层1的位置对换。

3. 在图层0主菜单执行"图像"→"画布大小",在新建下增加1厘米(单位切换到厘米方便估计尺寸)。也可按[Ctrl]+[T]再略微调整图像大小。

4. 在新建的图层1,用[Ctrl]+[Delete]填充成白色(图层0的边缘是透明的,不是白色的)。

5. 在上层(图层0)用套索工具选定一个选区(左部分),如图M10-A1-1所示。

(a)　　　　　　　　　　　　(b)

图 M10-A1-1

6. 按[Ctrl]+[T]自由变换,将其拉开并带一点角度(增加真实感),有撕纸效果,但是,撕开的边太光滑不真实,如图M10-A1-2(a)所示。所以,要打开历史记录面板("窗口"→"历史记录"),在面板中撤消(删除),回到套索这一步,如图M10-A1-2(b)所示。

7. 在套索选定状态下,点击工具箱底部的"快速蒙版"(或按快捷键[Q]),启用快速蒙版(另一部分显示为粉红色,保护另一半图像)。然后,执行主菜单"滤镜"→"像素化"→"晶格化滤镜",打开"晶格化"对话框,单元格大小为8~10(凭经验),确定。

8. 按快捷键[Q]退出快速蒙版,选区撕纸开口处就有明显的锯齿状;再按[Ctrl]+[T]自由变换,将其拉开并带点角度,效果如图M10-A1-3所示。

(a)

(b)

图 M10 - A1 - 2

(a)

(b)

图 M10 - A1 - 3

9. 在图层 0 按"fx"添加图层样式中的"投影",效果如图 M10 - A1 - 4 所示。保存文档为"撕纸效果. psd"。

图 M10 - A1 - 4

演示案例2　浪里飞车(图层蒙版)

演示步骤

1. 启动 Photoshop,打开模块十素材中的"wave.jpg"和"car.jpg",如图 M10－A2－1 所示。

(a)

(b)

图 M10－A2－1

2. 新建一个文档,宽 1 000 像素,高 620 像素,分辨率为 72,颜色模式为 RGB,背景内容为透明,如图 M10－A2－2 所示。

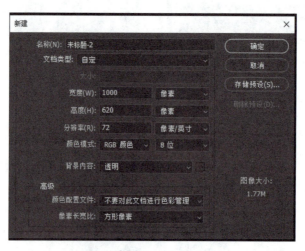

图 M10－A2－2

3. 依次用移动工具拖动"wave.jpg"和"car.jpg"后,复制到新建文档中。按[Ctrl]+[T]将汽车调到合适大小后,拖到浪花中心。给汽车所在图层添加图层蒙版,如图 M10－A2－3 所示。

4. 单击汽车所在图层的图层蒙版(以激活蒙版),按快捷键[D]复位颜色,再按[X]切换前景背景颜色,然后按[G]在渐变编辑里选第 2 个(前景色到透明渐变,此选择很有用,请记住),如图 M10-A2-4 所示。

图 M10-A2-3

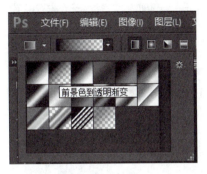
图 M10-A2-4

5. 目前处于图层蒙版的渐变中,拖动鼠标从汽车四周向中心渐变(黑到黑透明,对应的蒙版效果是从无到有)。在实际素材融合中,往往需要多次反复使用蒙版渐变,如图 M10-A2-5 所示。

(a)

(b)

图 M10-A2-5

6. 如果对蒙版效果不满意,删除蒙版后重新添加蒙版,或者蒙版填充白色,再重新应用渐变,直到效果满意,如图 M10-A2-6 所示。

图 M10-A2-6

7. 保存文档为"wave-car. psd"。

演示案例3　窗后(考证真题,图层蒙版、套索工具)

演示步骤

1. 启动 Photoshop,打开模块十素材中的"Ypsp8a - 01. tiff"和"Yps8b - 01. tiff",如图 M10 - A3 - 1 所示。

(a)

(b)

图 M10 - A3 - 1

图 M10 - A3 - 2

2. 新建一个宽 278 像素、高 414 像素、分辨率为 72、颜色模式为 RGB、背景内容为透明的文档。

3. 将"Yps8a - 01. tiff"和"Yps8b - 01. tiff"依次用移动工具拖动后,复制到新建文档中;适当调整位置,给窗户所在图层添加图层蒙版,如图 M10 - A3 - 2 所示。

4. 单击窗户所在图层的图层蒙版(以激活蒙版),按快捷键[D]复位颜色,再按[X]切换前景背景颜色;然后按套索工具快捷键[L],用多边形套索工具选中左侧掉落玻璃,双击闭合选取,按[Alt]+退格填充前景色,最后按[Ctrl]+[D]取消选区,如图 M10 - A3 - 3 所示。

模块十　蒙版知识和应用

(a)　　　　　　　　　(b)　　　　　　　　　(c)

图 M10-A3-3

5. 继续在图层蒙版上,在另两处玻璃掉落处按快捷键[L],用磁性套索工具套索,双击闭合选取,按[Alt]+退格填充前景色,最后按[Ctrl]+[D]取消选区,如图 M10-A3-4 所示。

(a)　　　　　　　　(b)

图 M10-A3-4

6. 在图层蒙版上继续使用快捷键[L]和磁性套索工具,选取窗户上 3 处玻璃,填充(此时拾色器前景为#b8b8b8),再取消选区。如果对蒙版效果不满意,可以将蒙版删除后重新添加蒙版,应用渐变,直到效果满意,如图 M10-A3-5 所示。

195

(a) (b) (c)

图 M10-A3-5

7. 适当调整人像位置,如图 M10-A3-6 所示,保存文档为"windows.tiff"。

图 M10-A3-6

 举一反三　上机实战

任务 1　邮票(快速蒙版、图层样式)

制作步骤

1. 启动 Photoshop,打开模块十素材中的"flower6.jpg",如图 M10-R1-1 所示。

2. 新建一个宽 384 像素、高 490 像素、分辨率为 72、颜色模式为 RGB、背景内容为透明的文档。

3. 用移动工具将"flower6.jpg"拖动后,复制到新建文档中,调整到适当位置。选中图层 1,将拾色器前景设置为白色,按[Ctrl]+退格填充白色。选中图层 2,按[Ctrl]+[T]调整大小,留出白边。图层面板和效果如图 M10-R1-2 所示。

4. 回到图层 1,按[Q]进入快速蒙版,按[B]后设置画笔大小为 12,硬度为 100%,间距为 130%,沿着画布边缘涂抹;再按[Q]退出快速蒙版,按[Ctrl]+[J]复制选区到新图层,命名为"齿轮"。在新图层按[Ctrl]+[T]变形,大小调到之前白边的一半处,如图 M10-R1-3 所示。

图 M10-R1-1

(a)

(b)

图 M10-R1-2

(a)

(b)

(c)

图 M10-R1-3

5. 双击图层"齿轮",进入图层样式,设置"阴影"(角度 45°,距离 1,大小 2)。如果齿轮不明显,复制齿轮图层,设置"阴影"为取消"全局光",角度 135°。效果如图 M10 – R1 – 4 所示。

图 M10 – R1 – 4

6. 选中顶部图层,点击"创建新图层",按[T],用直排文字工具,输入"中国邮政",拖动到合适位置。再创建新图层,按[T],用横排文字工具输入"80 分",适当设置字体字号。设置和效果如图 M10 – R1 – 5 所示。

　　　(a)　　　　　　　　　(b)　　　　　　　　　(c)

图 M10 – R1 – 5

7. 保存文档为"stamp.psd"。

任务2　节日快乐(剪贴蒙版、矢量蒙版)

制作步骤

1. 启动 Photoshop 并打开模块十素材中的"Moon Festival. webp"。如果 Photoshop 版本不支持 webp 格式,先关闭 Photoshop,再将素材中的格式插件 Webpshop_0_4_3_Win_x64.8bi 复制到 Photoshop 安装目录 C:\Program Files\Adobe\Adobe Photoshop 2022\Required\Plug-Ins\File Formats,打开后如图 M10 - R2 - 1 所示。

2. 新建一个宽 540 像素、高 960 像素、分辨率为 72、颜色模式为 RGB、背景内容为透明的文档。

3. 用移动工具将"Moon Festival. webp"拖动后,复制到上述新建文档中,调整大小为原像素的 50%。然后在图层面板底部单击"创建新组"按钮,新建组命名为"剪贴蒙版",将上图中两图层拖入该组中,如图 M10 - R2 - 2 所示。

图 M10 - R2 - 1

图 M10 - R2 - 2

4. 鼠标移动到图层列表上两图层中间位置,按快捷键[Alt]设置剪贴蒙版,设置前后如图 M10 - R2 - 3 所示。

(a)　　　　　　　　　　　　(b)

图 M10－R2－3

5. 在图层1中按快捷键[T]，输入文字"节日快乐"，字体设置为华文隶书，加粗；按快捷键[Ctrl]＋[T]适当变形后，移动该文本图层到合适位置（此时基层文本和上层的中秋图案均可以移动），至此剪贴蒙版完成，如图 M10－R2－4 所示。

图 M10－R2－4

6. 选中组"剪贴蒙版"，按快捷键[Ctrl]＋[J]复制组后重命名为"矢量蒙版"。将组"剪贴蒙版"设为不可见，将"矢量蒙版"中图案图层恢复为普通图层（同上，再次按[Alt]＋图层列表中间位置即可），此时图层面板如图 M10－R2－5 所示。

7. 按[Alt]＋"矢量蒙版"中"节日快乐"图层的缩览图，出现文字选区，在"路径"面板底部点击"从选区生成工作路径"，按[Ctrl]＋[D]取消选区。然后，在图层面板中选"矢量蒙版"中的图案图层，再点击路径面板中的工作路径，选择菜单"图层"→"矢量蒙版"→"当前路径"，此时图层面板、路径面板和矢量蒙版效果如图 M10－R2－6 所示。

8. 点击路径面板中的图层2矢量蒙版（文字能变形的关键），按快捷键[A]选"直接选择工具"，选几处做恰当的路径变形。路径改变，基于路径的矢量蒙版也改变，最后形成的蒙版效果也发生变化，如图 M10－R2－7 所示。

模块十 蒙版知识和应用

图 M10-R2-5

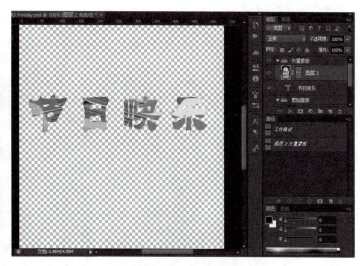

图 M10-R2-6

图 M10-R2-7

9. 保存文档为"holiday.psd"。

任务3 美女换景(快速蒙版抠图)

制作步骤

1. 打开模块十素材中的"女生.jpg"。人物区域中有背景,用钢笔工具并不好抠图,如图 M10-R3-1(a)所示。

2. 按[Ctrl]+[J]复制"女生"图层,点击工具栏底部的"以快速蒙版工具编辑"(如果找不到,可以点击主菜单右上角的"基本功能",右击后"复位基本功能")。观察到"女生"图层出现红色的蒙版层。

3. 按[D]键设置默认的前景黑色和背景白色。用画笔工具(硬度为50%、笔头粗细可调整)在人物上涂抹,人物出现在粉红色区域中。因为,用黑色涂抹的内容是粉红透明区域。

4. 继续用画笔工具 20—30(硬度为 30%左右),调整笔头的粗细为 3~6 px。放大图,在人物边缘上涂抹，尤其是手指和细小部位。

5. 修改涂抹出界的部位，需要切换前景色和背景色。因为，用白色画笔涂抹的内容将会恢复显示。直到整个人物的轮廓涂抹好，如图 M10－R3－1(b)所示。

(a)   (b)

图 M10－R3－1

6. 按[Q]退出快速蒙版，出现选区，如图 M10－R3－2(a)所示的选区。按[Ctrl]＋[Shift]＋[I]反选人物，如图 M10－R3－2(b)所示。

(a)   (b)

图 M10－R3－2

7. 打开素材中"海边.jpg"图片，用移动工具将人物移到海景中，按[Ctrl]＋[T]调整人物的大小和位置。

8. 将海景图窗口放大，可用橡皮擦工具(硬度较小)略作修改，使抠图效果更完美，如图 M10－R3－3 所示。保存为"美女换景.psd"。

模块十 蒙版知识和应用

图 M10 - R3 - 3

模块小结

学习了蒙版的基本概念和分类,学习了属性蒙版的应用。通过案例和任务,见识了 Photoshop 各类蒙版在图形图像处理中的特殊效果。

Photoshop图形图像处理 "教学做" 案例教程

第四篇
技能应用

模块十一 通道技术

在 Photoshop 中,蒙版是一种专用的选区处理技术,而通道是另一种用来保护图层选区信息的特殊技术,用于存放颜色信息。每个 Photoshop 图像都有一个或多个通道,每个原色通道可以分别调整明暗度、对比度,甚至可以对原色通道单独执行滤镜功能,从而为图像添加许多特殊的效果。

知识要点

- 通道的概念
- RGB 通道面板
- 通道颜色信息

11.1 通道的概念

通道用于存放图像颜色信息。Photoshop 将图像分离成几个基本的颜色信息,每一个基本的颜色信息就是一个通道。不同的颜色模式,通道的数目、类型不同。

> RGB 模式:有 R、G、B 与一个复合通道。
> CMYK 模式:有 C、M、Y、K 与一个复合通道。
> 灰度模式:只有一个灰度通道。

通道最为重要的功能是保存和编辑选区,可用各种绘画工具、调色工具、滤镜来编辑通道。

11.2 RGB 通道面板

新建一个背景为黑色的任意文档,设置参数如图 M11-1 所示。执行"窗口"→"通道"打开通道面板,显示出 4 个通道,一个 RGB 通道和 3 个单色通道(红色通道、绿色通道、蓝色通道)。其中,红色通道储存红色信息,绿色通道储存绿色信息,蓝色通道储存蓝色信息。

> 在红色通道创建一个圆形选区并填充为白色(表示红色信息强)。在通道面板观察 RGB 通道或回到 RGB 通道,在 RGB 通道显示出红色的圆,如图 M11-2 所示。

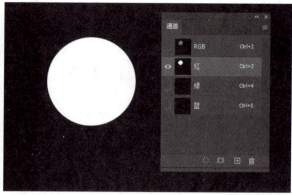

图 M11-1　　　　　　　　　　图 M11-2

➢ 在绿色通道创建一个圆形选区并填充为白色（表示绿色信息强）。在通道面板观察 RGB 通道或回到 RGB 通道，在 RGB 通道显示出绿色的圆。
➢ 同样，在蓝色通道创建一个圆形选区并填充为白色（表示蓝色信息强）。在通道面板观察 RGB 通道或回到 RGB 通道，果然，在 RGB 通道显示出蓝色的圆。最终效果如图 M11-3 所示。
➢ 在工具栏将前景色设置为灰色 RGB(125,125,125)，如图 M11-4 所示。

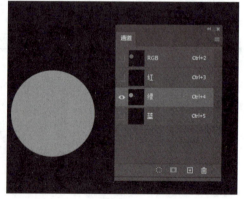

图 M11-3　　　　　　　　　　图 M11-4

在红色通道，填充一个灰色圆，表示红色信息不是最强，点开 RGB 通道，则显示暗红色。
在绿色通道，填充一个灰色圆，表示绿色信息不是最强，点开 RGB 通道，则显示暗绿色。
在蓝色通道，填充一个灰色圆，表示蓝色信息不是最强，点开 RGB 通道，则显示暗蓝色。

11.3　通道颜色信息

对 RGB 各通道颜色信息的强弱，可以通过以下操作加深理解：

- 在 Photoshop 中打开模块十一素材中的"宫殿"图片,为了增加对通道颜色信息的理解,这张图片上增加了"宫殿"两字,包括字的颜色、白色背景、黑色边框。
- 执行"窗口"→"通道"打开通道面板,显示 4 个通道,如图 M11-5 所示。

图 M11-5

- 当点击红色通道时,越白的地方代表红色的信息越多,越黑的地方代表红色的信息越少。图中宫殿的墙和顶是红色,在红色通道中显示为偏白色,如图 M11-6 所示。

图 M11-6

- 当点击绿色通道时,越白的地方代表绿色的信息越多,越黑的地方代表绿色的信息越少。观察图 M11-5,"宫殿"两字,在绿色通道中显示为白色,所以看不见了,如图 M11-7 所示。
- 当点击蓝色通道时,越白的地方代表蓝色的信息越多,越黑的地方代表蓝色的信息越少。观察图 M11-5,天空是蓝色的,在蓝色通道中天空显示为白色,如图 M11-8 所示。返回 RGB 通道,天空是蓝色的。

图 M11-7

图 M11-8

➤ 同样,"宫殿"两字的白色背景处,在 3 个单色通道中都是白色,即 3 个通道中的信息都最强,所以混合后,在 RGB 通道中看到的还是白色。

➤ 在白色背景外的边框一直都是黑色,即 3 个通道中都没有储存任何信息,所以混合后,在 RGB 通道中看到的还是黑色。

 知识巩固　案例演示

演示案例 1　制作光线照射效果

演示步骤

1. 打开模块十一素材中的"光-前.jpg"图片(图中有光但没有光线),如图 M11-A1-1(a)所示。打开通道面板,观察到蓝色通道的色差大,如图 M11-A1-1(b)所示。

模块十一 通道技术

图 M11-A1-1

2. 复制蓝色通道层,执行"滤镜"→"模糊"→"径向模糊",在径向模糊对话框中设置数量为 80 左右;勾选缩放,将中心模糊的中心点调到右上角(定右上角为光线照过来的地方),如图 M11-A1-2(a)所示,确定。再执行一次径向模糊,效果参考图 M11-A1-2(b)所示。

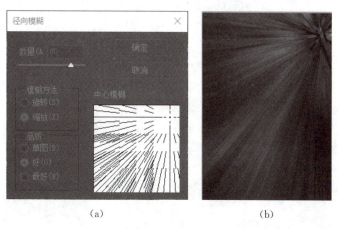

图 M11-A1-2

3. 载入选区。按[Ctrl]+[A]、[Ctrl]+[C],点图层面板回到 RGB 通道。再按[Ctrl]+[V]粘贴并新建图层 1。将图层面板中的混合模式从"正常"改为"滤色",可见到光线从右上角照射进来的效果,如图 M11-A1-3(a)所示。

4. 按[Ctrl]+[L]打开"色阶"对话框,增加对比度(黑色滑块往右,白色滑块往左),进一步调整。

5. 观察图 M11-A1-3(a),图形的右边有一部分没有照射到光线,重复上述的第 2、3 步操作。

6. 按[Ctrl]+[V]粘贴后会新建图层 2。在图层 2 按[Ctrl]+[T]将光线调整到图形的右边。这样,有两个图层的光线效果会更佳。最终效果参考图 M11-A1-3(b)。保存为"光-后.psd"。

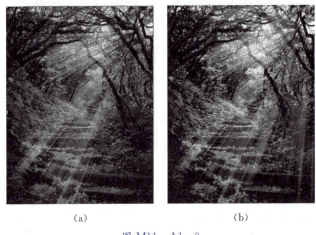

(a)　　　　　　　　(b)

图 M11-A1-3

演示案例 2　通道修图

演示步骤

1. 打开模块十一素材中的"flower.jpg",显示"通道"面板,在"通道"面板中比较后,选择色差明显的蓝色通道。复制一个蓝色通道(用来操作),如图 M11-A2-1 所示。

2. 选中蓝拷贝通道,执行"图像"→"调整"→"反相"选项,把花卉变成白色,通道图像如图 M11-A2-2 所示。

图 M11-A2-1

图 M11-A2-2

3. 选中蓝拷贝通道,执行"图像"→"调整"→"色阶"选项,打开"色阶"对话框,将黑色滑块向右拖动,使图像中暗部区域更暗;将白色滑块向左拖动,使图像中亮部区域更亮。也可直接输入值:50 163。色阶对话框如图 M11 - A2 - 3 所示,通道图像如图 M11 - A2 - 4 所示。

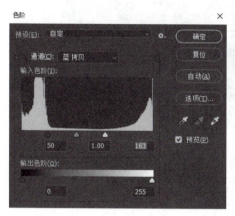

图 M11 - A2 - 3　　　　　　　　图 M11 - A2 - 4

4. 前景色设置白色,点击画笔工具,设置画笔硬度 100%,不透明度 100%,将花卉涂抹成白色;前景色设置黑色,将背景色涂抹成黑色。通道图像如图 M11 - A2 - 5 所示。

5. 选中蓝拷贝通道,点击面板下方的"将通道作为选区载入"按钮,将蓝拷贝通道变为选区,设置如图 M11 - A2 - 6 所示(也可按住[Ctrl]键,同时鼠标左键点击蓝拷贝通道缩览图)。

图 M11 - A2 - 5　　　　　　　　图 M11 - A2 - 6

6. 选择 RGB 混合通道,按[Ctrl]+[J],点击图层面板,即可得到抠出的花卉,图层面板如图 M11 - A2 - 7 所示。保存文件名为"向日葵通道抠图.psd"。

图 M11-A2-7

演示案例3　印章的制作和印泥效果

演示步骤

1. 新建尺寸为 500×500(px) 的文档，颜色模式为 RGB，分辨率为 72，背景内容为白色。
2. 显示标尺或网格，用参考线定好中心位置。
3. 选择形状工具中的椭圆工具，功能选项栏设置为形状、无填充、描边为红、实线、6 像素。按 [Shift]＋[Alt] 键绘制一个正圆形。
4. 使用文字工具，参考辅助线，从圆形左偏下的位置，当鼠标出现沿圆形边的符号时，开始输入印章名称"东方工业职业技术学院"。
5. 设置字体：宋体，字号合适（约 44 点），颜色红。打开"字符"→"段落面板"，调整字体下沉、字符间距等，设置参考图 M11-A3-1。

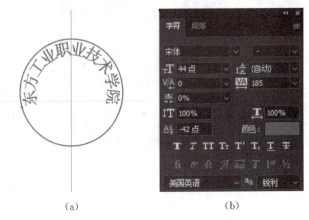

(a)　　　　　　　(b)

图 M11-A3-1

6. 在中间绘制一个红五星。选择工具中的多边形工具,功能选项栏设置为:边数5、形状,填充为红色。

7. 用文本工具添加"审定专用章"文字,效果如图 M11－A3－2 所示。

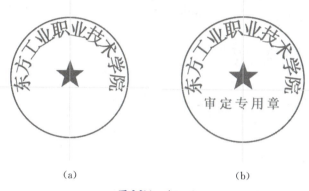

(a)　　　　　　　　(b)

图 M11－A3－2

8. 如果还要增加图章下方的信息,可以再用一个小圆,输入文本,如"12365059821",效果如图 M11－A3－3(a)所示。

9. 将所有图层(除背景层)放入一个组,右击组"转换为智能对象"。

10. 增加印泥效果。增加印泥效果的方法:

- 按[Ctrl]键＋缩览图载入选区,回到通道面板。新建一个通道层,按[Alt]+[Delete]键填充为白色(当前的前景色为白色)。
- 执行"滤镜"→"像素化"→"铜版雕刻",在"铜版雕刻"对话框中,类型选择"粗网点",也可选择其他的观察效果。再执行"滤镜"→"像素化"→"铜版雕刻",类型中选"中长线"一次(也可以选其他),直到效果满意。
- 执行"视图"→"参考线"→"清除参考线",方便观察效果,如图 M11－A3－3(b)所示。

(a)　　　　　　　　(b)

图 M11－A3－3

- 按[Ctrl]点击通道层的黑色位置,重新载入白色选区,再回到RGB通道。

➤ 新建图层,将组隐藏,将新建的图层填充为红色。按[Ctrl]+[D]取消选择,印泥效果就出现了。

11. 根据需要,可以添加阴影和边框效果,调整印章的整体效果。

12. 完成设计后,保存为"印章.psd",以便日后编辑其他公章时参考,可根据需要将印章导出为常见的图片格式,如"印章.jpg"或"印章.png"。

 举一反三　上机实战

任务 1　沙漠现绿洲(通道技术抠图)

制作步骤

1. 打开模块十一素材中的"绿草树.jpg",如图 M11-R1-1 所示。

图 M11-R1-1

2. 显示通道面板,在通道面板中比较后,选择色差明显的蓝色通道,复制一个蓝色通道(用来操作),如图 M11-R1-2 所示。

图 M11-R1-2

3. 选中蓝拷贝通道,按[Ctrl]+[L]打开"色阶"对话框,如图 M11-R1-3 所示。增加对比度:向右移动左边的黑色滑块,向左移动右边的黑色滑块,使图像中黑色的部分更黑、白色的部分更白,观察到天空全白,绿色部分全黑,黑白分界非常明显,确定。

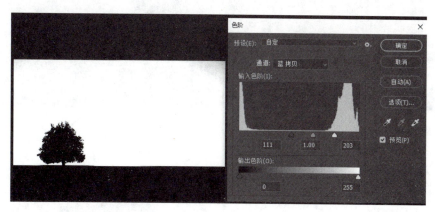

图 M11-R1-3

4. 执行主菜单"图像"→"调整"→"反向"(或按[Ctrl]+[I]键),使树和草地全部呈现为白色,如图 M11-R1-4(a)所示。

5. 如图天空还不是全黑,可以用画笔涂成全黑(前景色换为黑色)。草地还不是全白,可以用画笔涂成全白(前景色换为白色)。

6. 在通道面板窗口的下方,选择"将通道作为选区载入",或者按[Ctrl]+缩览图(蓝拷贝图层),效果如图 M11-R1-4(b)所示。

(a)   (b)

图 M11-R1-4

7. 点击 RGB 通道,树和草地处于选中状态,如图 M11-R1-5(a)所示。

8. 返回图层面板,点击图层面板下方的"添加矢量蒙板",效果如图 M11-R1-6 所示,显然,绿树和草地已全抠出。

图 M11-R1-5

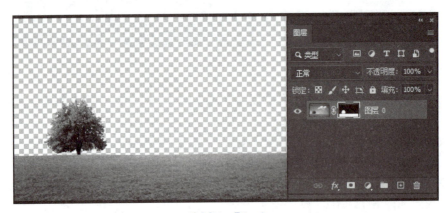

图 M11-R1-6

9. 打开模块十一素材中"沙漠.jpg",用移动工具,将绿树和草地移到沙漠中,适当调整大小、位置。可以用加深和减淡工具,适当修整草地和树的边缘,最终效果参考图 M11-R1-5(b)所示。

任务 2　用通道抠毛笔字

制作步骤

1. 启动 Photoshop 软件,打开模块十一素材中的"学雷锋.jpg",显示通道面板。在通道面板中,切换 3 个通道,颜色最分明的是红色通道,如图 M11-R2-1 所示。

2. 复制红色通道,避免影响 RGB 效果,将红色通道拖放到通道面板右下的新建按钮处,建立红色通道的副本。

3. 选择拷贝的红色通道,用套索工具选定文字区域,执行主菜单"选择"→"反选",使文字的周围被选中,然后用白色填充字的周围,如图 M11-R2-1(a)所示。按[Ctrl]+[D]取消选择。

(a)　　　　　　　　(b)

图 M11-R2-1

4. 调整文字使其和周围色差更明显。执行主菜单"图像"→"调整"→"色阶",打开"色阶"对话框。将白色滑标向左移,将黑色滑标向右移,使图像中白的显示得更白,黑的字显示得更黑,这样,文字周围的灰色部分不再显示,如图 M11-R2-1(b)所示。

5. 执行主菜单"图像"→"调整"→"反向",使文字与背景的颜色正好相反,即文字为白色,效果如图 M11-R2-2 所示。

6. 点击通道面板右下的"将通道作为选区载入"按钮,返回图层面板,选区已被勾选出来。

7. 双击解锁图层,将勾选出来的文字拖放到"雷锋.jpg"素材中。按[Ctrl]+[T]调整文字的大小和位置,如图 M11-R2-3 所示。文件存储为"学雷锋.psd"。

图 M11-R2-2

图 M11-R2-3

任务3　通道实例——照片去油光

制作步骤

1. 打开油光照素材,在通道面板,复制蓝色通道(油光的色差明显),建立蓝色通道副本。
2. 选择蓝色通道,执行主菜单"图像"→"调整"→"色阶",在"色阶"面板中设置,使图像黑白分明,如图 M11-R3-1 所示。

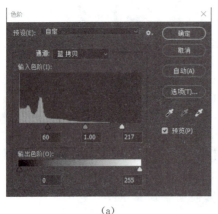

(a)　　　　　　　　　　　　　　(b)

图 M11-R3-1

3. 按[Ctrl]+缩览图,白色高光的部分都会处于选定状态。
4. 再回到图层面板,用吸管在高油光位置旁边吸取好的皮肤,改变前景色。
5. 按[Alt]+[Delete],白色部分的选区全部被前景色填充,如图 M11-R3-2 所示,用通道技术实现了从高油光(a)到无油光(b)的效果。

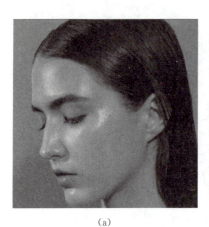
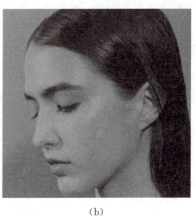

(a)　　　　　　　　　　　　　　(b)

图 M11-R3-2

模块小结

本模块学习了通道的概念、通道的颜色信息比较，并通过演示案例和任务提高了在图像处理实践中应用通道的技能。

知识点拨

Photoshop 精细的抠图方法比较多，每种方法都有其适用场景和优势，选择合适的方法可以获得更精细的抠图效果。

- ➤ 魔术棒工具：适用于背景为纯色且与主体颜色差异较大的图片。首先点击背景部分，然后调整容差值以选择相似颜色的区域。容差值越小，选择越精准。
- ➤ 钢笔工具：适用于需要精确选择边缘复杂或细节丰富的对象，如人物毛发、动物毛发等。在目标物体周围绘制路径，然后转换为选区，实现精确抠图。
- ➤ 通道抠图：适用于需要抠图的区域与背景融合且对比度不明显的情况。首先复制背景层并调整图层样式，然后使用色阶和其他调整图层来增强对比，最后用画笔工具涂抹以精确选择。
- ➤ 快速蒙版工具：适用于需要精确选择但又不便使用其他工具的情况。在目标物体周围绘制蒙版，然后转换为选区来实现抠图。

模块十二
Photoshop 综合应用

Photoshop 应用很广，比如标识设计、海报设计和网站设计，以及室内设计、纺织面料制作等。本模块主要通过案例和任务，学习标识设计、海报设计等，然后，通过纺织布纹的制作、网站设计等课程设计内容，来拓宽学习视野。

- 标识设计
- 海报设计
- 布纹制作中的应用
- 网站设计中的应用

12.1 标识的设计

标识是具有识别和传达信息作用的象征性视觉符号，是产品宣传最重要的元素。其作用与企业商标类似，每一个标识都是独一无二的，用于展示产品形象，提高产品辨识度。

12.1.1 标识设计类型

标识一般由图形、文字组合而成，既要具有象征意义，又要简约、美观、大气、独特，容易识别并让人印象深刻。标识分为图形型、文字型和图文型 3 种类型。

1. 图形型

图形型标识用图形表达特定的含义和信息，又分为具象型和抽象型 2 种类型。

（1）具象型 在具体现实图像的基础上，经过各种修饰，如简化、概括、突出和夸张等设计而成，如图 M12-1 所示。具象型标识源于现实又高于现实，具有高度的辨识度，能够以清晰、明快的视觉形象传达出网站的精神和理念。

（2）抽象型 抽象型标识由点、线、面、体等造型要素设计而成，突破了具象的束缚，在造型效果上有较大的发挥余地，可以产生强烈的视觉刺激，但在理解上易于产生不确定性，如图 M12-2 所示。

图 M12-1

图 M12-2

2. 文字型

文字型标识以文字为表现主体，题材一般是企业相关文字，如名称、简称、首字、缩略词等，如图 M12-3 所示。文字型标识更具实效性，能在短时间内准确、清晰地展示企业品牌，树立企业形象。

图 M12-3

文字型标识不但要有美观的外形，更要注重其内在含义。例如小米公司的核心理念是"为顾客省点心"，所以标识以"心"字为基础，将文字垂直翻转，再去掉了一个点，将字形和"MI"相结合，是非常巧妙的文字型标识；类似的还有亚马逊公司的标识，箭头的始末表明产品销售范围从 A 到 Z,箭头的形状如同嘴角上扬的微笑,代表优质服务。

> **知识点拨**
>
> 　　制作文字型标识的方法:思考标识的意义与客户、企业、产品等因素的关联;然后分析文字中笔画、字母之间的联系;再将文字组合、变形,制作标识草图。例如,将汉字笔画的点或英文中 o、i、l 等字母变形,因为这些笔画或字母很容易让人联想到太阳、电灯、树木等事物。

3. 图文型

图文型标识是由图形与文字组合而成的,歧义性低,视觉效果好。但元素丰富,容易复杂化,因此图形或文字通常只侧重一方。

（1）图形为主　文字通常只起到说明作用,但字形会与图形呼应,文字的平滑或锐利都与图形相关,如图 M12-4 所示。

图 M12-4

（2）文字为主　文字面积较大,图形作为辅助,二者结合传达企业形象和理念,如图 M12-5 所示。

图 M12-5

12.1.2 标识设计误区

以下是标识设计中的常见误区，了解这些误区，能在设计中避免错误。

（1）敏感符号　除特殊需求外，符号和图案最好不要直接涉及国家、宗教或习俗，以免引起误会。如果需要体现某个国家，应尽量提取该国家的气质特征和代表元素，而不是直接使用旗帜，如图 M12-6 所示。

图 M12-6　敏感符号的使用对比

（2）复杂　复杂的标识辨识度低，不利于企业形象树立。标识的寓意应简洁深刻，无论从形象还是意义方面都能给人留下深刻印象，如图 M12-7 所示。

图 M12-7　简洁与复杂的对比

（3）无规律的颜色变化　颜色搭配是制作标识的核心要点之一，优秀的配色方案会给效果锦上添花，反之则会使效果变差。通常，色彩的变化不宜过多，如果必须使用多种颜色，则要求颜色鲜活明丽，有章可循，如图 M12-8 所示。

（4）实用性差　追求细节可以使标识更加完善，但过于烦琐则会导致标识不利于实际应用。标识不仅用于网络，还会以实体形式印刷或喷绘出来；如果缩小或放大后的表现效果

(a) (b)

图 M12-8 颜色变化的对比

不同,或颜色无法在印刷中表现,都不利于在实际中应用。在设计阶段,可以将标识缩小到一元硬币大小,看看能否看清主体内容和细节,无法看清的部分需要删除或调整,如图 M12-9 所示。

(a) (b)

图 M12-9 实用性对比

12.2 海报的设计

海报是一种重要的视觉广告,应用于各种场合,Photoshop 为海报设计提供了丰富的可能性。

1. 海报设计的基本流程

(1) 确定主题和目标受众 首先,要明确海报的主题和目标受众,这将决定海报的整体风格和设计元素。

(2) 选择合适的尺寸和版式 根据海报的用途和展示环境,选择合适的尺寸和版式。常见的海报尺寸有 A4、A3、A2、B2、B1 等,版式可以是横版、竖版或中轴排版。

(3) 收集和准备素材　收集与主题相关的图片、文字、图形等素材,并进行预处理,如裁剪、调色等。

(4) 设计背景　使用渐变、滤镜等工具,设计出符合主题的背景。也可以直接使用素材图片作为背景。

(5) 排版与文字设计　主题文字和其他辅助文字排版,注意文字的字体、大小、颜色和位置。可以使用 Photoshop 中的文字工具编辑和设计。

(6) 添加装饰元素　根据主题和风格,加一些装饰元素,如线条、图形、图标等,以增强海报的视觉效果。

(7) 调整色彩与对比度　调整海报的整体色彩,确保色彩和谐统一。调整对比度以增强层次感。

(8) 导出与打印　最后,将设计好的海报导出为适合打印的格式,如 JPEG 或 PDF,并选择合适的分辨率打印。

2. 海报设计的技术注意事项

(1) 海报用具体尺寸　海报的常用尺寸包括 A4、A3、A2、B2、B1,具体尺寸如下:
- A4 海报:210×297(mm),适合室内通告和小型宣传。
- A3 海报:297×420(mm),适合大型室内通告、活动宣传和艺术展览。
- A2 海报:420×594(mm),适合室内通告、大型宣传和展览。
- B2 海报:500×707(mm),适用大型广告牌、室内海报和室外宣传。
- B1 海报:707×1 000(mm),常见于大型室内通告、电影海报等。
- 50×70 厘米:500×700(mm),适用于展览、室内通告等。

(2) 海报的边框　在 Photoshop 中制作海报边框的方法有多种,以下是一些常用的技巧:
- 使用图层样式添加边框:双击需要加边框的图层空白处,打开图层样式。在"图层样式"窗口中,点击"描边"选项,根据需要调整边框大小、位置、类型和颜色,确定。
- 使用选框工具(Q)添加边框:选择选框工具(如矩形选框工具或椭圆选框工具),在画布上画出选区。然后,点击菜单栏中的"编辑"→"描边"。在"描边"窗口中,选择边框颜色和宽度,确定。
- 使用画笔工具绘制边框:选择画笔工具,在画布上直接绘制边框。可以调整画笔的大小、硬度和颜色来控制边框的外观。
- 使用多边形套索工具或磁性套索工具:这些工具可以更精确地选择图像区域,然后通过描边功能添加边框。

(3) 色彩搭配与表达　色彩在海报设计中起着至关重要的作用。使用不同的色彩搭配,可以表达出不同的情绪、氛围和品牌形象,可以调整饱和度、对比度等参数来实现色彩的调整和美化。此外,还可以运用渐变工具和调色板来实现丰富多样的色彩效果。

(4) 字体选择与排版　字体选择和排版对于海报的整体效果起着决定性的作用。合适的字体能够准确传递信息,突出主题,加强视觉冲击力。可以调整字体大小、行间距等参数来实现排版的美化。此外,还可以应用各种字体特效和字体库来创造出独特的效果。

(5)图片处理与合成　图片是海报设计中重要的元素之一,不同的图片素材,通过图像的创意合成,可以达到更好的视觉效果。

(6)海报分辨率　分辨率的设置取决于海报的用途和打印需求。以下是关于Photoshop中设置海报分辨率的指南:

> 显示设备:用于电脑显示器、电视或手机等显示设备,通常选择较低的分辨率即可满足需求。例如,72像素/英寸(ppi)的分辨率对于屏幕显示已经足够,因为这些设备的显示尺寸较小,不需要太高的分辨率。

> 印刷品:如果海报用于印刷,如打印在纸张上,则需要选择较高的分辨率以确保印刷质量。一般来说,300像素/英寸的分辨率对于大多数打印设备来说是最低要求。高质量的打印机甚至可能需要更高的分辨率,如600像素/英寸或更高。

> 实际操作:在Photoshop中设置分辨率的具体步骤如下:

- 打开照片或新建一个画布。
- 在菜单栏中选择"图像"→"图像大小"。
- 在弹出的窗口中,找到"分辨率"选项。
- 根据需求设置分辨率,例如300像素/英寸是印刷品常见的选择。
- 确保"比例"选项被勾选,这样Photoshop自动调整图像的大小以匹配新的分辨率。
- 点击[确定],然后保存照片为新的文件(不要覆盖原始文件)。

此外,可以使用图层蒙版将文字与背景融合,或者使用剪贴蒙版将装饰元素限制在特定区域内。还可以使用滤镜效果,如模糊、锐化、风格化等。合理运用这些滤镜可以为海报增添独特的视觉效果。

> **知识点拨**
>
> 　　ppi(pixels per inch)也叫像素密度单位,表示每英寸所拥有的像素数量。因此ppi数值越高,代表显示屏能够以越高的密度显示图像。

12.3　Photoshop在行业中的应用

　　Photoshop是一门公共的信息技术课程,不同专业的课程教学侧重面有所不同,以下主要针对纺织专业、计算机网络专业的课程,通过案例和任务学习。

　　(1)布纹制作中的应用　先定义常见布纹的图案,然后将图案填充到制作出的布料中,再通过滤镜、杂色等处理。本模块后续的案例中有具体的演示操作步骤。

　　(2)网站设计中的应用　Photoshop在网站设计中的应用更广,可以比较完整地介绍一个组织机构、一个人、一本书、一件事或一次活动场景等。本模块后续的任务中有具体的操作步骤。

模块十二　Photoshop 综合应用

学　知识巩固　案例演示（1）　海报设计

演示案例 1　母亲节海报

演示步骤

1. 打开素材中"康乃馨.jpg"文档，复制一层，查看图像大小后设置成宽 20 厘米、高 30 厘米（接近 A4 海报尺寸）大小的文档，隐藏背景层。

2. 显示参考线和网格，根据图 M12.1-A1-1 所示的设置调整网格，方便定位。

3. 用矩形形状描边（也可以用选区的方法描边）。用吸管吸取图像中的粉色，使描边的颜色与图像整体协调。

➢ 新建一层，选用矩形工具，选项栏设置为：形状、填充无、描边像素 3、实线。

➢ 通过网格定好位，用移动工具适当调整到四边缘尺寸一样，隐藏网格观察描边效果，如图 M12.1-A1-2 所示。

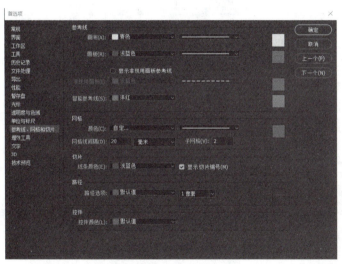

图 M12.1-A1-1　　　　　　　　　　图 M12.1-A1-2

4. 制作横排文字"感恩"，文字颜色整体协调，参考值 RGB(230,150,150)。

5. 制作竖排文字"母亲节"，文字颜色和横排文字（感恩）相同，字体和大小另选，竖排文字的左边尽量和横排文字的左边靠齐。

6. 制作横排文字"Happy mother's Day"，颜色一致，字体选择"Edwardian Script ITC"，类型自定，居中显示，如图 12.1-A1-3 所示。

7. 打开本模块图片"一枝康乃馨"，移到编辑窗口（读者也可找选素材），生成的图层改

229

名为"花"。右击"花"层"转换为智能对象"。按[Ctrl]+[T]自由变换调整花的位置。

8. 添加爱心。打开本模块素材中的图片"爱心.jpg",用魔棒工具选择"爱心.jpg"文档,执行"选择"→"反选"菜单,选中爱心图像,将爱心移到编辑窗口中;按[Ctrl]+[T]调整爱心的大小和位置。将花的位置调到爱心上方,参考图12.1-A1-4的效果。

图 12.1-A1-3　　　　　　　　图 12.1-A1-4

按爱心图层面板下的"fx"打开"图层样式"对话框,在"混合模式"中做一些设置可以改变爱心图像的显示效果,如正片叠底、亮光、柔光、强光、点光、线性减淡(添加)、滤色和线性光等。根据想要的效果选择,选择"线性光",效果如图12.1-A1-4所示。在此保持"正片叠底"的效果。

9. 添加弧形文字"快乐":
> 选择椭圆工具(设置为路径),绘制一个椭圆,点击文本工具 T,当鼠标在弧形上出现可输入状态时,输入竖形文字"快乐"。
> 设置文字颜色 RGB(230,150,150),设置文字的大小、间距和基线偏移效果,移动到爱心旁边。效果参考图 12.1-A1-5。

图 12.1-A1-5

10. 在贺卡右下角增加文本层，文字颜色为淡蓝（与背景整体协调），文本内容从素材中的"母亲节文字.txt"中复制"我入学的新书包有人给我拿啊……这个人就是妈！"。将该文本层命名为"歌词"，调整歌词的大小和行间距。

11. 将歌词层"转换为智能对象"，按[Ctrl]+[T]自由变换，使歌词的位置与贺卡中的内容吻合，如图12.1-A1-6所示。

12. 从网页中搜索添加其他适合的素材到贺卡中，点缀。比如，将笑脸和太阳分别设置在贺卡的左上角和右上角，如图12.1-A1-7所示。保存文档为"母亲节海报.psd"。

图 12.1-A1-6

图 12.1-A1-7

演示案例2　石榴产品外包装标识设计

演示步骤

1. 执行"文件"→"新建"菜单命令，新建名称为"石榴标识"，新建文档大小如图M12.1-A2-1所示。

2. 选择"视图"→"显示"→"网格"菜单命令，显示网格线。

3. 选择钢笔工具，设置工具模式为"路径"，在文档中绘制石榴顶部的花冠形状，如图M12.1-A2-2所示。在工具选项栏选择"建立选区"，按住[Ctrl]+[Shift]+[I]反选刚才绘制的形状。

4. 选择"渐变工具"，双击颜色条下的滑块设置颜色，

图 M12.1-A2-1

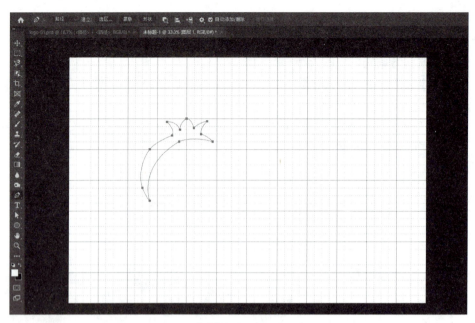

图 M12.1－A2－2

由♯e25915 到♯f79624 线性渐变,从左到右拖拽鼠标为选区填充渐变色,如图 M12.1－A2－3 所示。

5. 新建图层,重命名为"下边缘",继续绘制石榴的下边缘,效果如图 M12.1－A2－4。绘制完成后填充由♯d02412 到♯f0e539 的线性渐变。效果如图 M12.1－A2－5 所示。

图 M12.1－A2－3

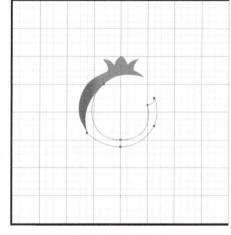

图 M12.1－A2－4

6. 新建图层,重命名为"火焰",绘制火焰形状,借鉴步骤 3,绘制完成后填充由♯94d33a 到♯587004 的线性渐变,效果如图 M12.1－A2－6 所示。

232

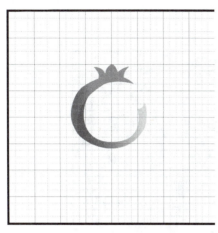
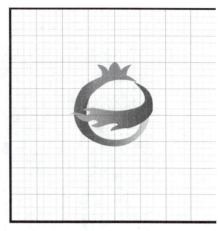

图 M12.1 - A2 - 5　　　　　　　　图 M12.1 - A2 - 6

7. 导入素材"古建筑剪影",选择魔棒工具,在背景上单击,按住[Ctrl]+[Shift]+[I]反选。选择移动工具,将素材移动到"石榴标识"文档中,并置于顶层。按住[Ctrl]+[T]自由变换调整至合适大小,放在火焰上方,效果如图 M12.1 - A2 - 7 所示。

8. 选择"文字工具—横排文字工具",设置字体为方正舒体,字号 82,黑色,输入文字"古韵榴香",效果如图 M12.1 - A2 - 8。

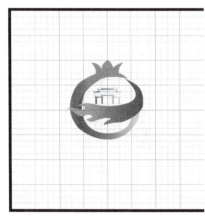

图 M12.1 - A2 - 7　　　　　　　　图 M12.1 - A2 - 8

9. 单击"图层"面板菜单中的"拼合图像"命令,完成石榴标识的设计,保存文件。

演示案例 3　甜橙促销海报

演示步骤

1. 新建一个 A3 尺寸的海报 Photoshop 文档。具体参数设置如图 M12.1 - A3 - 1 所示。

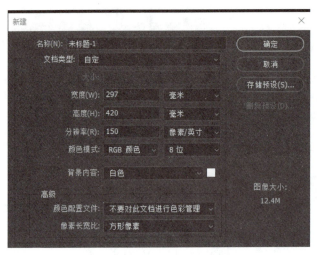

图 M12.1-A3-1

2. 在画布顶上方输入文字"新鲜美味营养健康",并加入几个具有科技感的修饰性符号 &、←、※。

3. 绘制海报外框。在画布文字行下面制作一个橙色的矩形(选框工具,无填充,描边 10 像素,虚线线框)。效果参考图 M12.1-A3-2(a)。

(a) (b)

图 M12.1-A3-2

4. 打开模块 12.1 素材中"甜橙促销海报"文件夹的"果树.jpg",用选框工具选取部分内容,用移动工具移入画布右上角,执行"编辑"→"变换"→"水平翻转"。效果参考图 M12.1-A3-2(b)。

5. 在左偏上位置添加文字"进口甜橙""SALE 50%",字体、字号较醒目,颜色可选橙色系。效果参考图 M12.1-A3-3(a)。

6. 建立文字层,文字内容为:"优质产区、空运来袭";再建立文字层,文字内容为:"活动期间 预约成功 满 200 减 30 满 200 减 70 满 500 减 100"。调整所有文字颜色和大小,将顶上的字再改成叶子的绿色,效果参考图 M12.1-A3-3(b)。

(a)　　　　　　　　　　　(b)

图 M12.1-A3-3

7. 在背景层上方新建一个图层,给新层增加从上到下的径向渐变填充(上白色,下橙色),为了填充后不影响所有内容的显示效果,可将中间这行文字改为绿叶的颜色,顶部中间的符号 & 改为橙色系,如图 M12.1-A3-4 所示。

8. 甜橙和咖啡杯的合成:

➢ 打开模块 12.1 素材中"进口甜橙促销海报"文件夹的"咖啡杯.png",直接将咖啡杯移到画布中;执行"编辑"→"变换"→"水平翻转",按[Ctrl]+[T]键调整咖啡杯的位置和大小。

➢ 打开本模块素材中的"甜橙 1.png",直接将甜橙移到咖啡杯的杯身前。降低甜橙层的不透明度为 80%,可以方便透过甜橙看到杯身的大小。效果如图 M12.1-A3-5 所示。

图 M12.1-A3-4

图 M12.1-A3-5

- 在甜橙1图层，用椭圆选框工具拉出一个椭圆选区，该椭圆选区的形状要和杯口相似，如图 M12.1-A3-6 所示。点击功能属性栏"添加到选区"按钮，再用套索工具将甜橙上部分选定，和椭圆选区相加。
- 上移选定的区域，效果如图 M12.1-A3-7 所示。按[Ctrl]+[Shift]+[J]键将上部分转为另一层，分别命名为"甜橙上"和"甜橙下"两层。

图 M12.1-A3-6

图 M12.1-A3-7

- 在"甜橙下"层，按[Ctrl]+[T]键选择"变形"，仔细调整变形的控点，参考图 M12.1-A3-8(a)，使橙子下部分和杯身吻合，确定。不透明度改回到100%，如图 M12.1-A3-8(b)所示。

模块十二　Photoshop 综合应用

(a)

(b)

图 M12.1 - A3 - 8

➢ 打开模块 12.1 素材中"进口甜橙促销海报"文件夹的"甜橙截面.webp",将甜橙截面移到杯身和杯盖之间,生成的图层命名为"甜橙截面"。调到甜橙上下两层之间,如图 M12.1 - A3 - 9(a)所示。按[Ctrl]+[T]将甜橙截面调整到与杯口重合,如图 M12.1 - A3 - 9(b)所示。

(a)

(b)

图 M12.1 - A3 - 9

➢ 按[Ctrl]+[T]将甜橙上层(杯盖层)向左移并略微旋转一个小角度。用钢笔工具并且功能选项栏设置为形状,从杯柄的内侧向外操作选定杯柄,如图 M12.1 - A3 - 10 (a)所示。

➢ 打开本模块素材中的"甜橙2.png",将甜橙移入图中,调整甜橙2的大小和位置使甜橙2正好挡住杯柄。右击甜橙2图层,选择"创建剪切蒙版",效果如图 M12.1 - A3 - 10(b)所示。

(a)   (b)

图 M12.1 - A3 - 10

9. 参考图 M12.1 - A3 - 11 的效果，在画布的左下角增加内容，将这些内容的图层建立在图层文件夹 1 中。

10. 复制图层文件夹 1 并更名为"图层文件夹 2"，参考图 M12.1 - A3 - 12（画布下部分图）的效果，修改图层文件夹 2 中各层的内容。

图 M12.1 - A3 - 11   图 M12.1 - A3 - 12

11. 在画布最下面增加文字"源自天然"，如图 M12.1 - A3 - 13 所示。

12. 增加其他内容。打开本模块素材中的"甜橙 3.png"，将甜橙移入图中，调整甜橙 3 的大小和位置，使甜橙 3 处于画布中部偏右，效果如图 M12.1 - A3 - 13 所示。调整整体效果。

3. 保存文档为"进口甜橙促销海报.psd"于本模块 12.1 素材"进口甜橙促销海报"文件夹中。

图 M12.1-A3-13

 举一反三　上机实战

任务 1　元宵佳节创意设计

制作步骤

1. 新建一个高 20 厘米、宽 30 厘米的文档(接近 A4 纸尺寸),方便设计图打印,如图 M12.1-R1-1 所示。

2. 打开模块六案例 2 中已经制作好的国风边框,用移动工具将红色外框拖到新建的文档中。显示参考线和网格;按[Ctrl]+[T]自由变换,调整红色外框的尺寸,使红色外框布满背景,效果如图 M12.1-R1-2 所示。命名为"外框"层并锁定该层。

3. 隐藏网格,清除参考线。打开"模块十二素材"→"元宵佳节创意设计"→"灯笼组 1.png",用移动工具将灯笼组图形移到文档中,适当调整大小和位置。以同样的方法,将素材中的灯笼组 2 图形移到文档中,调整到顶部位置。效果参考图 M12.1-R1-3。

4. 打开"模块十二素材"→"元宵佳节创意设计"→"娃娃与元宵.png",将图形移到文档中,适当调整大小和位置。以同样的方法,再将素材中"梅花与元宵.png"图形移到文档中,适当调整大小和位置。效果参考图 M12.1－R1－4。

图 M12.1－R1－1

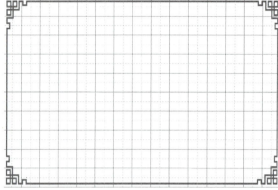

图 M12.1－R1－2

5. 打开"模块十二素材"→"元宵佳节创意设计"→"窗花.psd",将图形移到文档中,适当调整大小和位置,参考图 M12.1－R1－4 所示的效果,放置在文档左边。

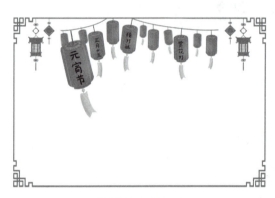

图 M12.1－R1－3

图 M12.1－R1－4

6. 将窗花图层命名为"左窗花",点击"fx"设置图层样式,增加"斜面和浮雕""描边"等样式效果(试试添加其他效果)。复制"左窗花"图层,命名为"右窗花"图层,将图形移到文档的右边,执行"编辑"→"变形"→"水平翻转"使右窗花与左窗花对称。

7. 在文档中间位置增加"元宵佳节""中国传统节日"和"Happy Lantern Festival"等文案。字体效果参考图 M12.1－R1－5 所示。

8. 打开"模块十二素材"→"元宵佳节创意设计"→"元宵佳句.txt",将其中的文字内容添加到文档中,设置好字体、字号和段落格式。

9. 打开"模块十二素材"→"元宵佳节创意设计"→"烟花",在文档中添加若干个烟花图形,调整烟花图形的大小和位置。效果参考图 M12.1－R1－5。

10. 调整文档的整体效果,存储为"学号＋元宵佳节创意设计.psd"格式。

图 M12.1－R1－5

任务2　改革开放四十年(蒙版和综合应用)

制作步骤

1. 启动 Photoshop，打开模块 12.1 中的素材"40years-pre.psd"，各素材位置保持不变，如图 M12.1－R2－1 所示。

图 M12.1－R2－1

2. 新建图层命名为"底"，拖动到"素材"组下面。点击菜单"编辑"→"填充…"，内容使用白色，将该图层填充白色。双击该图层，在图层样式设置渐变叠加，如图 M12.1－R2－2 所示，渐变编辑器中颜色左色标为♯f20809，右色标为♯fbb033。图层面板和效果如图 M12.1－R2－3。

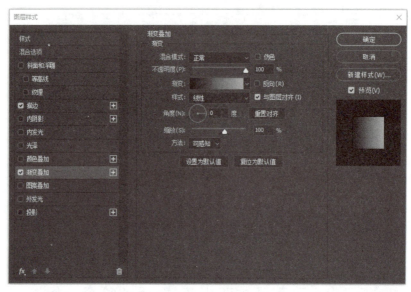

图 M12.1-R2-2

图 M12.1-R2-3

3. 将左图的图层模式设置为叠加,同时添加图层蒙版,依次用[D][X]键设置前景为黑,按[G]键在渐变编辑里选第 2 个(前景色到透明渐变),从右向左,蒙版渐变(注意渐变方向向左,渐变起点在左图右边缘左侧),图层面板和效果如图 M12.1-R2-4 所示。

4. 对中图进行同样设置,图层模式为叠加,添加图层蒙版,蒙版上应用渐变。此时图片左边由左向右渐变,图片右边由右向左渐变,图层面板和效果如图 M12.1-R2-5 所示。

模块十二 Photoshop 综合应用

(a) (b)

图 M12.1-R2-4

(a) (b)

图 M12.1-R2-5

5. 对右图进行同样设置,图层模式为叠加,添加图层蒙版;在图片左边,由左向右蒙版渐变,图层面板和效果如图 M12.1-R2-6 所示。

图 M12.1-R2-6

6. 在素材组中新建一图层,按[T]键输入"纪念改革开放四十周年"。双击该图层,在图层样式中设置描边(大小 2 像素,颜色♯862121)、投影(角度 120°,距离 2)、字符颜色♯

243

fcc770,字符面板和效果如图 M12.1-R2-7 所示。

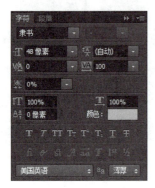 

图 M12.1-R2-7

7. 按[Ctrl]+[Alt]+[C],调整画布大小为高 110 像素。新建图层命名为"边",双击将图层样式里描边设置为 4,位置为内部,颜色为♯dfe3ee。适当微调各图层和蒙版位置到满意,效果如图 M12.1-R2-8 所示。

图 M12.1-R2-8

8. 保存文档为"40years.psd"。

任务 3　金枕榴莲促销广告

制作步骤

1. 新建一个宽 20 厘米、高 30 厘米(接近 A4 纸大小)的文档,颜色模式为 CMYK、分辨率为 150,且背景内容为白色。

2. 制作促销广告外框:
   - 新建图层,命名为"边框",绘制一个矩形外框,描边:8~10 个像素、橙色 RGB (230,120,50),设置参考图 M12.1-R3-1,外框效果如图 M12.1-R3-2(a)所示。
   - 用文本工具输入"金枕榴莲",自动生成

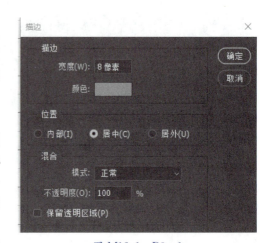

图 M12.1-R3-1

一个"文字"图层。打开字符段落面板,字符间距设置为200,将前两字和后两字调整开,效果如图 M12.1-R3-2(b)所示。

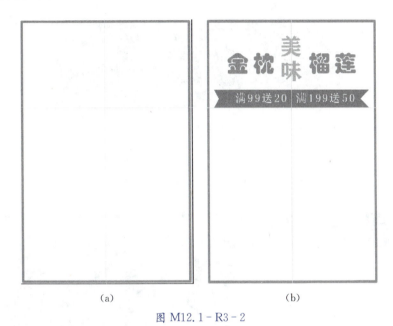

图 M12.1-R3-2

➢ 建立文本层"美味",位置和字体参考图 M12.1-R3-3。

图 M12.1-R3-3

3. 制作活动价格条:
➢ 借助网格或参考线,用钢笔工具制作一个外框无、内部填充为橙色 RGB(230,120,50)的条状图形,水平居中。
➢ 矩形上建立醒目的白色文字层"满99送20,满199送50",字体字号以清晰可见为好。参考图 M12.1-R3-2(b)所示的效果。
➢ 合并可见图层,保存文档为"金枕榴莲促销广告.psd"。

4. 制作水果炸裂效果:
➢ 打开模块十二素材中的"榴莲.jpg",用裁剪工具在各个方向增加画布尺寸(为后续滤镜操作做好准备);复制图层并将背景填充为白色(因为图像边缘颜色较深),再合并两图层,保存为原图备用。
➢ 按[Ctrl]+[J]键复制图层,不破坏原图。执行"滤镜"→"风格化"→"凸出",打开的对话框中设置如图 M12.1-R3-4所示。观察效果,再调整参数。将大小改为6,深度设成80,再观察,效果比较好,确定。

图 M12.1-R3-4

> 复制该层,进一步修改。按[Ctrl]+[L]打开"色阶"对话框。调色差(该亮的亮一些、该暗的暗一些),参考图 M12.1-R3-5 的效果。

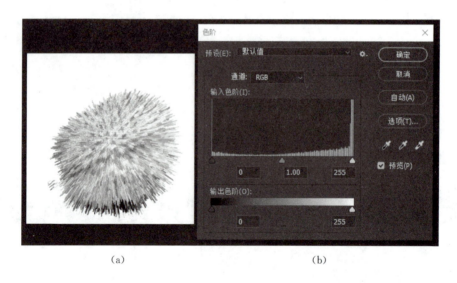

(a)　　　　　　　　　　　(b)

图 M12.1-R3-5

> 用魔棒工具在"榴莲炸裂"文档中的空白处点选,再反选榴莲;用移动工具将炸裂的榴莲移到"金枕榴莲促销广告"文档中;按[Ctrl]+[T]自动变换将炸裂的榴莲位置调到居中。效果参考图 M12.1-R3-6(a)。

5. 用椭圆工具在最底层建立一个填充为橙色的弧形(避免整体效果头重脚轻),如图 M12.1-R3-6(b)所示。

6. 添加文本内容"更多优惠""扫码关注",自动生成文本图层。

7. 添加素材中的"二维码"图形,调整位置和大小(执行"滤镜"→"杂色"→"添加杂色"处理)。

8. 删除辅助线,炸裂的榴莲图层调整适当的旋转角度,合并可见层,存储文档。

模块十二　Photoshop 综合应用

(a)　　　　　　　　　　　　(b)

图 M12.1-R3-6

 知识巩固　案例演示(2)　布纹的制作和应用

演示案例 1　定义图案

演示步骤

1. 定义平纹图案：
- 新建一个 6×6(px)画布，分辨率为 72，颜色模式为 RGB，背景内容为透明。
- 用放大工具或者[Ctrl]+[+]放大到最大(不能再放大为止)，再用选框工具选择左上角 3 个像素的正方形区域(鼠标拖动一次为一个像素)，填充为黑色的正方形。
- 按[Ctrl]+[D]取消选区，新建一图层，按[Alt]键再复制出一个黑色正方形，效果如图 M12.2-A1-1 所示。
- 执行"编辑"→"定义图案"，图案名称为"图案平纹"，确定。保存文档为"图案平纹.psd"。

2. 定义斜纹图案：
- 新建一个 9×9(px)的画布，分辨率为 72，颜色模式为 RGB，背景内容为透明。
- 用放大工具放大到最大(不能再放大为止)，用选框工具从左上角拉出 3 个像素的正方形选区，背景色设置为黑色。按[Ctrl]+[Delete]填充正方形选区为黑色。
- 按[Alt]键再复制出两个黑色正方形，效果如图 M12.2-A1-2 所示。

247

图 M12.2-A1-1　　　　　图 M12.2-A1-2

➢ 执行"编辑"→"定义图案",图案名称为"图案斜纹",确定。保存文档为"图案斜纹.psd"。

3. 定义条纹图案:

➢ 新建一个 4×4(px)的画布(也可以为 3×3、5×5、6×6,等等),分辨率为 72,颜色模式为 RGB,背景内容为透明。

➢ 用放大工具或[Ctrl]+[+]放大到最大,再用选框工具选择一个像素。

➢ 按快捷键[D]将工具栏"前景色/背景色"设置为默认的黑白,按[Alt]+[Delete]将选区填充为黑色,如图 M12.2-A1-3 所示。

➢ 按[Ctrl]+[D]取消选区,执行"编辑"→"定义图案",图案名称为"图案条纹",确定。保存文档为"图案条纹.psd"。

4. 定义编织袋纹路的图案:

➢ 新建一个 600×600(px)的正方形白底文档,辅助线定好中心,用矩形工具绘制一个 50×50(px)的黑色小正方形,如图 M12.2-A1-4(a)所示。

➢ 按[Alt]键在底部复制一个黑色的小正方形,如图 M12.2-A1-4(b)所示。

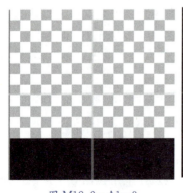

图 M12.2-A1-3

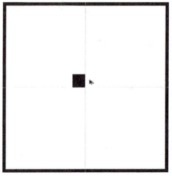
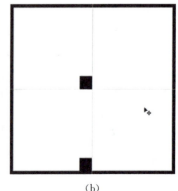

　　　(a)　　　　　　　　　(b)

图 M12.2-A1-4

> 合并形状,在右边复制出两个黑色的小正方形,共 4 个黑色小正方形,如图 M12.2 - A1 - 5(a)所示。
> 用选框工具绘制一个矩形选区,对应功能属性栏的样式为:固定大小,宽 250 px,高 50 px,填充上下方向灰-白的线性渐变。在下边复制这个灰-白渐变的长方形,并垂直翻转,如图 M12.2 - A1 - 5(b)所示。

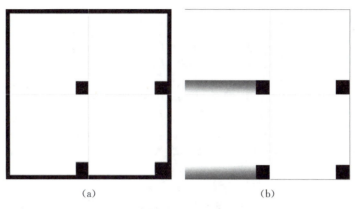

图 M12.2 - A1 - 5

> 在右边复制两个长方形;继续复制长方形并旋转 90°,效果如图 M12.2 - A1 - 6(a)所示。
> 在下方垂直方向再复制长方形,在下侧偏右复制一个长方形;垂直翻转并调整好位置。在上侧偏右复制一个长方形,垂直翻转并调整好位置。直到最终效果如图 M12.2 - A1 - 6(b)所示。

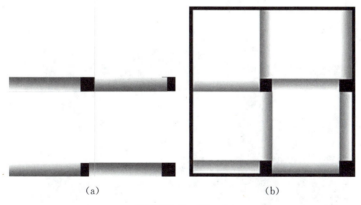

图 M12.2 - A1 - 6

> 按[Shift]选定所有层,按[Ctrl]+[E]键合并可见图层。
> 执行"编辑"→"定义图案",图案名称为"图案编织袋纹路",确定。保存文档为"图案编织袋纹路.psd"于模块十二的"12.2.1 布纹制作"文件夹中。
> 新建一个 3 600×3 600(px)白底文档,适当增加杂色。填充已定义的"图案编织袋纹

路",参考效果如图 M12.2-A1-7。

图 M12.2-A1-7

演示案例 2 布纹制作

演示步骤(1) 普通麻布的制作：

1. 新建一个 600×600(px)画布文档,颜色模式为 RGB,背景内容为白色。将工具栏的背景设置为淡蓝色 RGB(100,140,160)(非全白即可),按[Ctrl]+[Delete]填充。

2. 执行"滤镜"→"杂色"→"添加杂色",数量为 18,平均分布,也可以选择"单色",如图 M12.2-A2-1 所示。

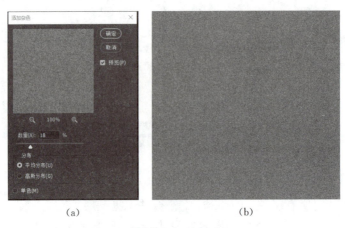

(a)　　　　　　　　　　(b)

图 M12.2-A2-1

3. 执行"滤镜"→"滤镜库"→"画笔描边"→"阴影线"。描边长度设置为 15,锐化程度设置为6,强度默认为1,确定。效果如图 M12.2-A2-2 所示。

4. 执行"滤镜"→"锐化"→"USM 锐化",参数参考图 M12.2-A2-3(a),使锐化线更突出,确定后效果如图 M12.2-A2-3(b)所示。

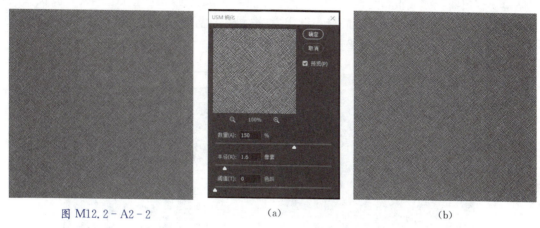

图 M12.2-A2-2

(a)　　　(b)

图 M12.2-A2-3

5. 执行"图像"→"调整"→"去色",或按[Shift]+[Ctrl]+[U],效果如图 M12.2-A2-4(a)所示。颜色不同,显示不一样的麻布效果。

6. 执行"图像"→"色阶",或按[Ctrl]+[L],将两边的滑块分别向中间移动,确定,得到粗糙度更强的麻布效果,如图 M12.2-A2-4(b)所示。保存文档为"普通麻布.psd"。

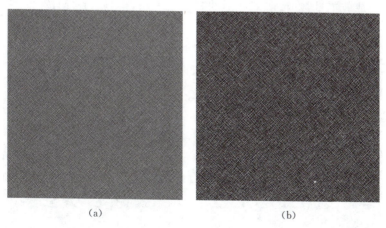

(a)　　　(b)

图 M12.2-A2-4

演示步骤(2)　彩色格子布的制作:

方法1:

1. 新建一个 500×500(px)的文档,分辨率为72,颜色模式为 RGB,背景内容为白色。

2. 选取渐变工具，打开渐变编辑器。在渐变颜色带，把左边的色标设置颜色为♯2f0360，右边的色标设置颜色为♯f98960，颜色也可自定，确定。

3. 在画布上从右上角到左下角拉出一个渐变，效果如图 M12.2－A2－5 所示。执行"滤镜"→"扭曲"→"波浪"，打开"波浪"设置对话框，"生成器数"设置参数为 400；"波长"最小设置取 45，最大设置取 50；"波幅"最小设置为 14，最大设置为 15；"比例"默认，类型选择"方形"，其他默认，如图 M12.2－A2－6 所示。

图 M12.2－A2－5

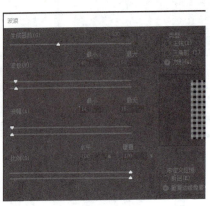
图 M12.2－A2－6

4. 在右下方的预览框中已可以看到设置后生成的效果，渐变颜色已生成了一个个方块格子。但确定后效果如图 M12.2－A2－7(a)所示，下侧和右侧出现不规则的细格。此时，用工具栏的裁剪工具裁剪，留下规则的彩色格子布，得到如图 M12.2－A2－7(b)所示的效果。

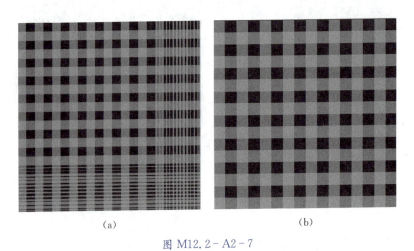
图 M12.2－A2－7

5. 执行"图像"→"调整"→"色相/饱和度"，调出不同颜色的格子布，如图 M12.2－A2－8 所示。

模块十二 Photoshop 综合应用

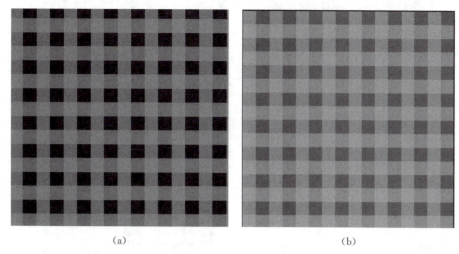

图 M12.2 - A2 - 8

6. 执行"图像"→"调整"→"去色",效果如图 M12.2 - A2 - 9 所示。保存文档为"彩色格子布——方法 1.psd"。

方法 2:

1. 新建一个 600×600(px)的文档,分辨率为 72,颜色模式为 RGB,背景内容为白色。

2. 将工具栏中的前景色设置为淡蓝色 RGB(230,240,250),非全白即可,按[Alt]+[Delete]将前景色填充到工作区。

3. 按[Ctrl]+[J]新建一个图层,显示标尺。

4. 参考标尺,用选框工具从左侧 10 个单位处开始拉出上下方向的矩形选区(宽 40 个单位),填充为黑色。按[Alt]键复制这个黑色的矩形并调为 10 个单位

图 M12.2 - A2 - 9

(间隔 10 个单位)。直到如图 M12.2 - A2 - 10 所示的效果。选择图层,按[Ctrl]+[E]键合并可见图层。

5. 按[Ctrl]+[J]键复制该层,按[Ctrl]+[T]旋转新层 90°,得到如图 M12.2 - A2 - 11 所示的效果。

6. 将两图层的混合模式分别使用"柔光",使交错的部分变暗,效果如图 M12.2 - A2 - 12(a)所示。合并现有的 3 个图层。如果颜色较浅,可以撤销合并,将背景色调得更蓝一点,再合并 3 个图层。参考图 M12.2 - A2 - 12(b)(没有对错,效果根据个人需要)。

图 M12.2 - A2 - 10　　　　图 M12.2 - A2 - 11

(a)　　　　(b)

图 M12.2 - A2 - 12

7. 再新建一个图层,在新图层执行"编辑"→"填充",选择"图案平纹",可以得到常见的平纹格子布,效果如图 M12.2 - A2 - 13 所示。填充"图案斜纹",可以得到常见的斜纹格子布,效果如图 M12.2 - A2 - 14 所示。

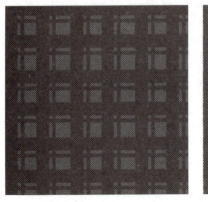 

图 M12.2 - A2 - 13　　　　图 M12.2 - A2 - 14

8. 进行第 7 步操作时,在新图层执行"编辑"→"填充",选择"图案条纹"填充新图层,出现条纹的格子布效果,如图 M12.2-A2-15 所示。

9. 按[Ctrl]+[J]复制新图层,复制出的图层 2 再旋转 90°,不透明度降低为 80%,又得到方格纹路的布料效果,如图 M12.2-A2-16 所示。按[Ctrl]+[E]键合并可见图层。

图 M12.2-A2-15   图 M12.2-A2-16

10. 再执行"滤镜"→"杂色"→"添加杂色",杂色的量根据效果适当增加,确定。完成方纹格子布纹的制作。

11. 同方法 1 一样,继续执行"图像"→"调整"→"色相/饱和度",调出不同颜色的格子布纹效果,如图 M12.2-A2-17 所示。

图 M12.2-A2-17

演示步骤(3)   牛仔布纹制作:

1. 新建一个 900×600(px)画布的文档,白色背景。前景色为蓝色 RGB(50,100,150),

图 M12.2 - A2 - 18

背景色为蓝色 RGB(20,50,100),有色差即可。

2. 执行"滤镜"→"渲染"→"云彩",得到自然的白蓝相混的效果,如图 M12.2 - A2 - 18 所示。

3. 新建图层,填充案例 1 中已定义的"图案斜纹",出现牛仔布的斜纹效果,如图 M12.2 - A2 - 19 所示。

4. 增加斜纹的粗糙效果(将斜纹加粗)。执行"滤镜"→"其他"→"最小值",选择"圆度"并设置值为 0.4 或者 0.3,如图 M12.2 - A2 - 20 所示。调整不透明度为 80%,再合并图层。

图 M12.2 - A2 - 19

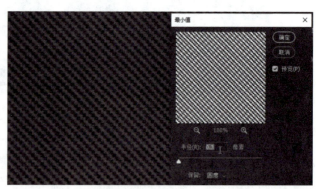

图 M12.2 - A2 - 20

5. 执行"滤镜"→"杂色"→"添加杂色",选择平均分布(高斯分布的值杂点比较多而乱),参考值为 15 左右,勾选"单色",确定。牛仔布的斜纹效果就显示出来了,如图 M12.2 - A2 - 21 所示。

图 M12.2 - A2 - 21

6. 再执行"滤镜"→"杂色"→"添加杂色",杂色的量根据效果适当增加,确定。

演示步骤(4)　浪纹迷彩布的制作：

1. 新建文档，500×500(px)，分辨率为72，颜色模式为RGB，背景内容为透明。
2. 默认的前景色和背景色，执行"滤镜"→"渲染"→"云彩"，"云彩"执行两遍。
3. 执行"图像"→"调整"→"阈值"，打开对话框，将滑块往中间调，改变图案中黑白的比例。效果参考图 M12.2 - A2 - 22。
4. 将黑白边缘变平滑。执行"滤镜"→"滤镜库"→"素描"→"图章"。在对话框中，适当调整边缘的平滑度，参考图 M12.2 - A2 - 23，确定。

图 M12.2 - A2 - 22　　　　　　图 M12.2 - A2 - 23

5. 用颜料桶分别将黑色部分填充为黄绿色，白色部分填充为浅灰色，效果参考图 M12.2 - A2 - 24(a)。

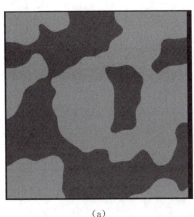

(a)　　　　　　(b)

图 M12.2 - A2 - 24

6. 新建一个图层，再执行上述操作。填充时，将深绿色改成淡绿色，将灰色改成淡黄色，效果参考图 M12.2 - A2 - 24(b)。

7. 合并两个图层,得到迷彩效果的图案。
8. 新建图层,填充已定义的"图案斜纹"。
9. 增加斜纹的粗糙效果(将斜纹加粗)。执行"滤镜"→"其他"→"最小值",选择"圆度"并设置值为 0.4 或者 0.3,效果可参考图 M12.2-A2-25。
10. 再执行"滤镜"→"杂色"→"添加杂色",杂色的量可以观测效果后,再做适当的修改,确定。参考图 M12.2-A2-26 所示的效果。保存文件名为"浪纹迷彩布.psd"。

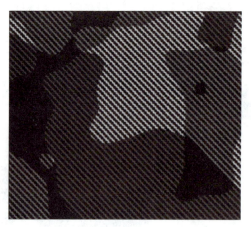

图 M12.2-A2-25   图 M12.2-A2-26

演示步骤(5) 数码迷彩布的制作:

1. 新建文档,500×500(px)、分辨率为 72,颜色模式为 RGB,背景内容为白色。
2. 默认的前景色和背景色,执行"滤镜"→"渲染"→"云彩","云彩"执行两遍。
3. 随机生成的云彩可能不均匀,如图 M12.2-A2-27(a)所示,可用减淡工具和加深工具,将云彩分布均匀,如图 M12.2-A2-27(b)所示。

 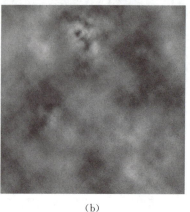

(a)   (b)

图 M12.2-A2-27

也可以高斯模糊 2 个单位,操作 2 次。

4. 执行"滤镜"→"像素化"→"马赛克",在"马赛克"对话框中将"单元格大小"设置为 16。

5. 执行"图像"→"调整"→"阈值",使图像的马赛克比较分散,如图 M12.2-A2-28 所示。

6. 前景色改为军绿,用颜料桶填充黑色为军绿,如图 M12.2-A2-29 所示。

图 M12.2-A2-28　　　　　图 M12.2-A2-29

7. 新建一个图层,前景色和背景色改为黑白,同上述 2～6 操作。合并两图层,参考效果如图 M12.2-A2-30 所示。

8. 用已定义的"图案平纹"填充,再执行"滤镜"→"杂色"→"添加杂色",参考效果如图 M12.2-A2-31 所示。

图 M12.2-A2-30　　　　　图 M12.2-A2-31

9. 用已定义的"图案斜纹"填充,再执行"滤镜"→"杂色"→"添加杂色",效果如图 M12.2-A2-32 所示。保存文件为"数码迷彩布.psd"。

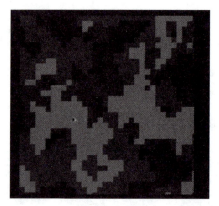

M12.2-A2-32

演示案例3　皮质感 VIP 金卡的制作

演示步骤(1)　皮革面料 VIP 金卡的制作：

1. 新建一个 600×600(px)的白底文档。复制 2 个图层，隐藏上图层。
2. 在中间图层，执行"滤镜"→"滤镜库"→"纹理"→"染色玻璃"，效果如图 M12.2-A3-1 所示。
3. 显示上图层，同样执行"滤镜"→"滤镜库"即可，上方图层的不透明度设置为 50%，效果如图 M12.2-A3-2 所示。合并两个图层。

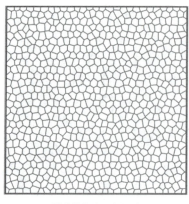
图 M12.2-A3-1

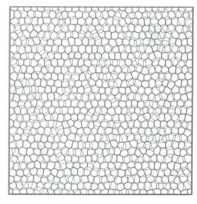
图 M12.2-A3-2

4. 执行"滤镜"→"杂色"→"添加杂色"，数量为 20，选择高斯分布，勾选"单色"，确定。
5. 按[Ctrl]+[A]全选图层，按[Ctrl]+[C]复制图层；打开通道面板，新建一个 Alpha 1 通道，按[Ctrl]+[V]粘贴图层。

6. 回到图层面板,按[Ctrl]+[D]取消选定。再新建一空白图层,添加"渐变叠加"的图层样式,颜色选择接近牛皮色(颜色可以自定,没有对错),并设置为浅黄-深黄的径向渐变,如图 M12.2-A3-3。

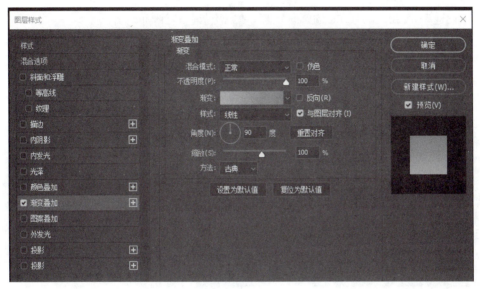

图 M12.2-A3-3

7. 右击栅格化图层后转化为智能对象,中间略亮一点(显示皮质的太阳花效果)。
8. 执行"滤镜"→"渲染"→"光照效果"纹理 Alpha 1 通道,此时牛皮的质感已经出现,如图 M12.2-A3-4(a)所示。再执行一次"滤镜"→"光照效果",颜色会加深且效果更逼真,如图 M12.2-A3-4(b)所示。保存该文档为"牛皮质感.psd"。

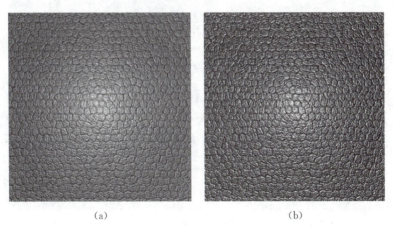

(a)　　　　　　　　　　(b)

图 M12.2-A3-4

演示步骤(2) 皮质感 VIP 卡的制作：

1. 新建一个 90×55(mm)(接近常用会员卡的尺寸)的白底文档，分辨率为 400，如图 M12.2-A3-5 所示。

2. 创建一个 90×55(mm)的圆角矩形，填充淡灰色，与画布对齐。

3. 先将形状转换为智能对象，执行"滤镜"→"纹理"→"纹理化"，载入纹理。选择制作的"牛皮质感.psd"文件，预览时出现分界线现象，需要缩放调整直到没有分界线，确定。效果如图 M12.2-A3-6 所示。

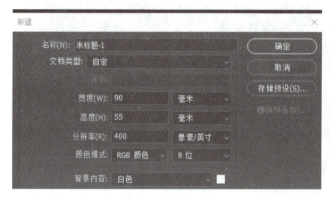

图 M12.2-A3-5　　　　　　　　　图 M12.2-A3-6

4. 执行"图像"→"调整"→"色相/饱和度"，参考图 M12.2-A3-7 所示数据。

5. 得到如图 M12.2-A3-8 所示的深紫色(深紫色更有质感)，确定。

图 M12.2-A3-7　　　　　　　　　图 M12.2-A3-8

6. 在卡片下方制作一个金色的矩形：
- 在场景下方创建一个矩形，矩形大小自定，与边界对齐，颜色选择黄金色，无描边。
- 将矩形转换为智能对象，执行"滤镜"→"滤镜库"→"纹理"→"纹理化"，选择软件自带的"砂岩"纹理（与牛皮质感纹理也比较协调），缩放 90，凸现 20，光照选择"上"，勾选反向，如图 M12.2-A3-9 所示。
- 卡片下方的矩形纹理设置好后，确定，效果如图 M12.2-A3-10 所示。

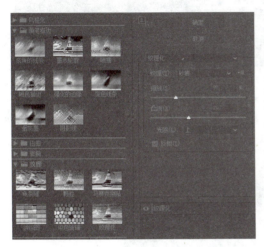 

图 M12.2-A3-9　　　　　　　　　图 M12.2-A3-10

7. 文字"VIP"的设置：
- 输入文字"VIP"，字体类型可选择英文类的，如 Bodoni MT。
- 字体颜色可吸取下方矩形的颜色或选择接近下方矩形的颜色。
- 文字缩放 120%，位置调整于上方皮质的中间位置，如图 M12.2-A3-11 所示。
- 给文字"VIP"添加图层样式，具体设置可参考图 M12.2-A3-12 所示的数据。

 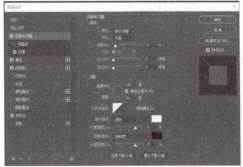

图 M12.2-A3-11　　　　　　　　　图 M12.2-A3-12

- 文字"VIP"添加图层样式主要是增加立体感和质感，可参考图 M12.2-A3-13 所示的效果。

8. 参考图 M12.2-A3-14 所示的效果,在卡片的左上方输入文字"JINMAO""金茂·览秀城"。进一步调整文字。

图 M12.2-A3-13

图 M12.2-A3-14

9. 参考图 M12.2-A3-15 所示的效果输入其他文字。还可以根据需要进一步增加其他修饰性的内容。

图 M12.2-A3-15

 做 举一反三 上机实战

任务 1 企业订单案例设计

制作步骤

1. 新建一个宽 1160 像素、高 140 像素、分辨率为 72、背景色为白色的文档(和订单其他尺寸保持一致),如图 M12.2-R1-1 所示。

2. 选择矩形工具,绘制出宽 1160 像素、高 140 像素的矩形,填充颜色为白色,移动位置和背景图层贴合。

模块十二　Photoshop 综合应用

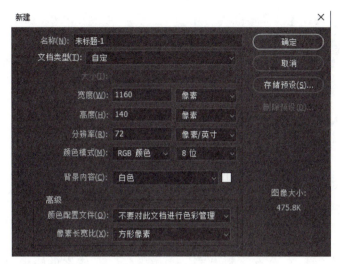

图 M12.2-R1-1

3. 打开模块十二素材中的"R2-1.jpg"文件,把图片移动到此订单案例中。选中图片图层,右击,将图片"转换为智能对象"(此步骤的作用是自由变换不影响图片质量)。

4. 选中图片图层,按[Ctrl]+[T]自由变换,将图片放置于适当位置。效果如图 M12.2-R1-2 所示。

图 M12.2-R1-2

5. 选中图片图层,右击,为图片创建剪贴蒙版,注意图片图层必须放于矩形图层上方。
6. 选中图片图层,添加图层蒙版,选择渐变工具(也可用画笔工具),柔化图片边缘。效果如图 M12.2-R1-3 所示。

图 M12.2-R1-3

7. 重复步骤 3,移动图片,效果图 M12.2-R1-4 所示。
8. 打开模块十二素材,把素材中的"R2-2.jpg"放置于适当位置,按[Ctrl]+[T],右击,图片水平翻转。
9. 选中"购物车"图片图层,添加图层蒙版,选择渐变工具(也可用画笔工具),柔化图片

图 M12.2-R1-4

边缘。效果如图 M12.2-R1-5 所示。

图 M12.2-R1-5

10. 选择矩形工具，右上方绘制出宽 169 像素、高 63 像素的矩形，填充颜色为 RGB(253,192,75)，左上角、右上角、左下角、右下角半径为 10 像素。

11. 选择横排文字工具，在矩形框内输入文字"其他采购"，文本大小为 30，黑体，设置白色描边 2 像素，颜色 RGB(226,162,52) 到 RGB(245,121,30) 的渐变叠加。图层样式渐变叠加设置与最终效果如图 M12.2-R1-6、M12.2-R1-7 所示。

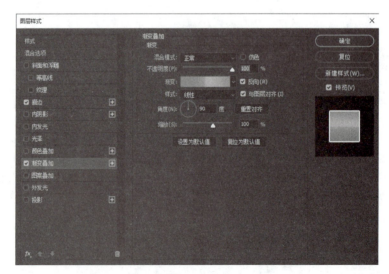

图 M12.2-R1-6

图 M12.2-R1-7

任务 2　学生自主服务终端设计

制作步骤

1. 新建一个宽 1 920 像素、高 1 080 像素、分辨率为 72、背景色为白色的文档（一般网页都是宽屏设计，方便页面的浏览）。

2. 选择矩形工具，绘制出宽 1 920 像素、高 190 像素的矩形 1，填充颜色为 RGB(148,199,57)，无描边。属性设置如图 M12.2-R2-1 所示。

图 M12.2-R2-1

3. 打开模块十二素材，把素材中的"logo.png"放置于矩形 1 左侧。选中 logo 图层和矩形 1 图层，选择移动工具，点击"垂直居中对齐"（注意矩形 1 图层必须位于 logo 图层下方），使得 logo 垂直居中于矩形 1。设置与效果如图 M12.2-R2-2、M12.2-R2-3 所示。

图 M12.2-R2-2

图 M12.2-R2-3

4. 选择文本框工具，输入文字"学生自主服务终端"，设置文本大小 80，白色，汉仪菱心体简（如没有安装此字体，可先安装，或是选择其他字体）。选中文本图层和矩形 1 图层，选择移动工具，点击"垂直居中对齐"（注意矩形 1 图层必须位于文本图层下方）。完成的效果如图 M12.2-R2-4 所示。

5. 选中文本图层、logo 图层、矩形 1 图层，按[Ctrl]+[G]（或点击"创建新组"按钮），创建组，并修改组名为"logo"。图层命名如图 M12.2-R2-5 所示。

6. 选择矩形工具，绘制出宽 422 像素、高 180 像素的矩形 2，填充颜色为 RGB(74,194,244)，黑色描边 1 像素，左上角、右上角、左下角、右下角半径为 10 像素，并设置投影效果。图层投影设置如图 M12.2-R2-6 所示。

图 M12.2-R2-4

图 M12.2-R2-5

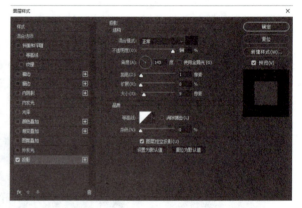

图 M12.2-R2-6

7. 同时选中矩形 2 图层和背景图层,选择移动工具,点击"水平居中对齐",定位矩形 2 水平居中。设置如图 M12.2-R2-7 所示。

8. 选择文本框工具,输入文字"打印学籍证明",设置文本大小 50,黑色,汉仪菱心体简。选中文本图层和矩形 2 图层(注意矩形 2 图层必须位于文本图层下方),设置"水平居中对齐"和"垂直居中对齐",完成"打印学籍证明"。效果如图 M12.2-R2-8 所示。

图 M12.2-R2-7

图 M12.2-R2-8

9. 同时选中矩形 2 图层和文本图层,按[Ctrl]+[J],再次复制,移至"打印学籍证明"两侧,完成"打印成绩证明""办事流程",两个矩形填充颜色分别为 RGB(255,234,0)和 RGB(140,196,149)。同时选中 3 个矩形,顶对齐,矩形中间间距 105 像素。完成的效果如图 M12.2-R2-9 所示。

模块十二 Photoshop 综合应用

图 M12.2 - R2 - 9

10. 选中 3 个矩形图层、3 个文本图层,创建组,并修改组名为"中部"。图层命名如图 M12.2 - R2 - 10 所示。

图 M12.2 - R2 - 10　　　　图 M12.2 - R2 - 11

11. 选择矩形工具,绘制出宽 200 像素、高 180 像素的矩形 3,填充颜色为 RGB(27,188,155),黑色描边 1 像素,左上角、右上角、左下角、右下角半径为 10 像素,并设置投影效果,置于右下方。

269

12. 打开模块 12 素材,把素材中的"print.png"放置于矩形 3 中,同时选中图片图层和矩形 3 图层(注意矩形 3 图层必须位于图片图层下方)。选择移动工具,设置"水平居中对齐"。

13. 选择横排文字工具,输入文字"打印",文本大小为 44,白色,汉仪菱心体简,设置 1 像素颜色为 RGB(55,183,45)的描边。选中文本图层和矩形 3 图层,选择移动工具,设置"水平居中对齐",完成"打印"。完成的效果如图 M12.2-R2-11 所示。

14. 重复步骤 11~13(或用复制图层的方法[Ctrl]+[J]),完成"返回",文字描边颜色为 RGB(39,215,209)。两个矩形设置顶对齐,中间间距 45 像素。完成的最终效果如图 M12.2-R2-12 所示。

15. 选中 2 个矩形图层、2 个文本图层、2 个图片图层,创建组,并修改组名为"下部"。图层命名如图 M12.2-R2-13 所示。

图 M12.2-R2-12

图 M12.2-R2-13

任务 3　学校图书馆首页设计

制作步骤

1. 新建一个宽 1920 像素、高 1600 像素,分辨率为 72、背景色为白色的文档。
2. 绘制参考线,确保页面中间 1200 像素:
   ➢ 选择"裁剪工具"→"切片工具",从最左端开始切出宽 360 的切片,从 Y 轴标尺拉出参考线至 360 切片右边,确定 Y 轴第一条参考线。

➢ 重复步骤,用"切片工具"从最右端开始切出宽 360 的切片,从 Y 轴标尺拉出参考线至 360 切片左边,确定 Y 轴第二条参考线,并删除切片。参考线完成,如图 M12.2 - R3 - 1 所示。

图 M12.2 - R3 - 1

3. 绘制 top 组:
➢ 选择矩形工具,在上方绘制出宽 1 920 像素、高 96 像素的矩形 1,填充颜色为 RGB(140,0,0),修改图层名为"top 背景"。
➢ 打开模块 12 素材,拖动素材中的"logo.png"放置于"top 背景"图层,选中 logo 图片图层,右击,将图片转换为智能对象。
➢ 选中"logo"图片,按[Ctrl]+[T],对"logo"图片进行自由变换(变换同时按下[Shift]键,可等比例变换)。
➢ 选中"logo"图层,移动位置和第一条参考线齐平;选中"logo"图层和"top 背景"图层,选择移动工具,点击"水平居中对齐"。完成的效果如图 M12.2 - R3 - 2 所示。

图 M12.2 - R3 - 2

➢ 选择"矩形工具"下的"直线工具",在"logo"图片右边绘制宽 1 像素、高 66 像素、填充 RGB(153,153,153)色的直线 1。移动直线 1,距离"logo"图片右边 18 像素。
➢ 选择横排文字工具,输入文字"图书馆",设置文本大小 36,白色,黑体,字符间距 50。

文本字符设置如图 M12.2-R3-3 所示。移动文本，与直线 1 的距离为 18 像素。

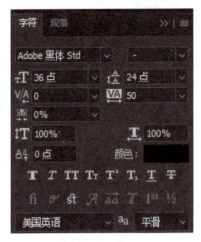

图 M12.2-R3-3

➢ 选择横排文字工具，输入文字"Library"，设置文本大小 12，白色，黑体，字符间距 350，移动至适当位置。完成的效果如图 M12.2-R3-4 所示。

图 M12.2-R3-4

➢ 选中 logo 图层、直线 1 图层、2 个文本图层，按[Ctrl]+[G]（或点击"创建新组"按钮），创建组，并修改组名为"logo"。
➢ 选择"矩形工具"，从第二条参考线向左绘制出宽 65 像素、高 32 像素、填充颜色为 RGB(191,191,191)的矩形 2，并移动到距离上方 38 像素高度。
➢ 打开模块 12 素材，拖动素材中的"search.png"放置于矩形 2 图层中。选中"search" 图层和矩形 2 图层，选择移动工具，点击"水平居中对齐"和"垂直居中对齐"。
➢ 选择"矩形工具"，从矩形 2 向左绘制出宽 236 像素、高 32 像素、填充色为白色的矩形 3。矩形 2 与矩形 3 顶部对齐。
➢ 选择横排文字工具，在矩形 3 中输入文字"请输入关键词"，设置文本大小 12，微软雅黑，文本颜色 RGB(153,153,153)。移动文本，距离矩形 3 左端 20 个像素。选中文本图层与矩形 3 图层，选择移动工具，点击"垂直居中对齐"。完成的效果如图 M12.2-R3-5 所示。

图 M12.2-R3-5

- 选中文本图层、矩形 2 图层、矩形 3 图层、"search"图层,按[Ctrl]+[G],创建组,并修改组名为"search"。
- 选中 logo 组、search 组、top 背景图层,按[Ctrl]+[G],创建组,并修改组名为"top",完成 top 组绘制,图层命名如图 M12.2-R3-6 所示。
4. 绘制 banner 组:
- 打开模块 12 素材,拖动素材中的"banner.png"放置于 top 组下方距离 40 像素处。为图层添加图层蒙版,选择渐变工具;图片左侧拉出阳光照耀效果。效果如图 M12.2-R3-7 所示。

图 M12.2-R3-6

图 M12.2-R3-7

- 选择横排文字工具,空白处输入文字"研究资源",设置文本大小 18,微软雅黑,RGB(51,51,51)色,移动文本上下间距 11 像素,左边距第一根参考线 46 像素距离。
- 重复步骤 2,选择横排文字工具,输入文字"参考咨询""服务项目""关于本馆""常用服务",每个文本左边距离 92 像素,移动文本,上下间距 11 像素。效果如图 M12.2-R3-8 所示。

图 M12.2-R3-8

➢ 选择矩形工具,从参考线 1 向右绘制出宽 166 像素、高 40 像素、填充色为 RGB(217,217,217)的矩形 4。矩形 4 与文本顶部空白处对齐,并调整矩形 4 图层在文本图层下方。

➢ 打开模块 12 素材,拖动素材中的"link.png"放置于矩形 4 中部处。效果如图 M12.2-R3-9 所示。

图 M12.2-R3-9

➢ 选中 link 图层、矩形 4 图层、文本图层,按[Ctrl]+[G],创建组,并修改组名为 "nav"。

➢ 选择矩形工具,绘制出宽 902 像素、高 200 像素、填充色为 RGB(105,116,125)的矩形 5。移动矩形 5,上边距离 banner 图片 80 像素,左边距离参考线 49 像素。

➢ 矩形 5 图层添加图层蒙版,选择渐变工具,设置矩形 5 透明效果,如图 M12.2-R3-10 所示。

图 M12.2-R3-10

➢ 选择横排文字工具,输入文字"馆藏目录/中文检索/数据库/多媒体检索",设置文本大小 16,微软雅黑,白色,移动文本距离矩形 5 上方 35 像素,左边 80 像素。

➢ 重复上面操作,选择横排文字工具,输入文字"知网""万方""超星""读秀",设置文本大小 16,微软雅黑,白色,移动文本距离矩形 5 下方 34 像素,左边 80 像素。效果如图 M12.2-R3-11 所示。

➢ 选择矩形工具,绘制出宽 640 像素、高 40 像素、填充色为白色的矩形 6。移动矩形 6,

模块十二　Photoshop 综合应用

图 M12.2 - R3 - 11

距离矩形 5 上方 80 像素，左边 80 像素。
- 选择矩形工具，绘制出宽 92 像素、高 40 像素、填充色为 RGB(255,110,58) 的矩形 7。移动矩形 7，距离矩形 6 右边 8 像素，顶边与距形 6 齐平。
- 选择横排文字工具，在矩形 7 中输入文字"检索"，选择此文本图层和矩形 7 图层，选择移动工具，点击"水平居中对齐"和"垂直居中对齐"。效果如图 M12.2 - R3 - 12 所示。

图 M12.2 - R3 - 12

- 选中 banner 图层、矩形 5 图层、矩形 6 图层、矩形 7 图层、3 个文本图层，按 [Ctrl]+[G]，创建组，并修改组名为"检索"。
- 选中 nav 组、检索组，按 [Ctrl]+[G]，创建组，并修改组名为"banner"，完成 banner 组绘制，图层命名如图 M12.2 - R3 - 13 所示。

5. 绘制 middle 组：
（1）绘制时间组
- 选择"矩形工具"下"圆角矩形工具"，绘制圆角矩形 1，宽 90 像素，高 90 像素，无填充，2 个像素，RGB(197,197,197) 颜色描边，左上角、右上角、左下角、右下角半径为 3 像素。移动圆角矩形 1，

图 M12.2 - R3 - 13

275

左边对齐参考线 1,上边距离 banner 图片 40 像素。
- 选择"矩形工具"下"直线工具",在圆角矩形 1 内绘制宽 78 像素、高 1 像素、颜色为 RGB(153,153,153)的直线 2(绘制时按住[Shift]键,可绘制水平直线)。移动直线 2,距离圆角矩形 1 上方 33 像素。选择直线 2 图层和圆角矩形 1 图层,选择移动工具,点击"水平居中对齐"。
- 选择横排文字工具,在圆角矩形 1 内输入文字"9 月",设置文本大小 16,微软雅黑,文本颜色 RGB(151,31,31)。移动文本,距离圆角矩形 1 上方 12 像素。选择此文本图层和圆角矩形 1 图层,选择移动工具,点击"水平居中对齐"。
- 选择横排文字工具,在圆角矩形 1 内输入文字"06",设置文本大小 24,微软雅黑,文本颜色 RGB(151,31,31)。移动文本,距离圆角矩形 1 下方 17 像素。选择此文本图层和圆角矩形 1 图层,选择移动工具,点击"水平居中对齐"。效果如图 M12.2-R3-14 所示。
- 选择横排文字工具,输入文字"今日开馆",设置文本大小 14,微软雅黑,文本颜色 RGB(151,31,31)。移动文本,距离圆角矩形 1 右边 10 像素,上方 14 像素。
- 选择横排文字工具,输入文字"9:00—17:00",设置文本大小 14,微软雅黑,文本颜色 RGB(153,153,163)。移动文本,距离圆角矩形 1 右边 10 像素,上方 35 像素。
- 选择"矩形工具"下"圆角矩形工具",绘制出圆角矩形 2,宽 94 像素,高 26 像素,填充色为 RGB(236,105,65),无描边,左上角、右上角、左下角、右下角半径为 3 像素。移动圆角矩形 2,距离圆角矩形 1 右边 10 像素,上方 57 像素。
- 选择横排文字工具,在圆角矩形 2 内输入文字"详细开馆时间",设置文本大小 14,微软雅黑,白色。选择此文本图层和圆角矩形 2 图层,选择移动工具,点击"水平居中对齐"和"垂直居中对齐"。效果如图 M12.2-R3-15 所示。

图 M12.2-R3-14　　　　　图 M12.2-R3-15

- 选中圆角矩形 1 图层、直线 2 图层、圆角矩形 2 图层、5 个文本图层,按[Ctrl]+[G],创建组,并修改组名为"时间"。

(2) 绘制数据统计组
- 选择"矩形工具"下"椭圆工具",绘制出椭圆 1,宽 64 像素,高 64 像素,无填色,7 个像素颜色 RGB(117,187,200)描边(绘制时按住[Shift]键,可绘制正圆)。
- 选择"套索工具"下"多边形套索工具",在正圆上创建一个超过 1/4 正圆的选区,为椭圆 1 图层添加图层蒙版,得到如图 M12.2-R3-16(a)所示的图形。移动图形,距离圆角矩形 1 右边 430 像素,上方 15 像素。

> 选择椭圆 1 图层,按[Ctrl]+[J]复制椭圆 1 图层,按[Ctrl]+[T],复制的椭圆自由变换,与椭圆 1 相连接。设置此椭圆 1 复制图层描边颜色 RGB(22,185,111)。效果如图 M12.2-R3-16(b)所示。
> 选中椭圆 1 图层和椭圆 1 复制图层,按[Ctrl]+[J]复制两个图层;按[Ctrl]+[T],复制的两个椭圆自由变换。效果如图 M12.2-R3-16(c)所示。
> 重复上面 2 步,绘制出宽 45 像素、高 45 像素、无填色、6 个像素 RGB(243,197,109)、RGB(238,91,66)颜色描边的椭圆 2 和椭圆 3,分别利用多边形套索工具和添加图层蒙版截取椭圆的一部分。效果如图 M12.2-R3-16(d)所示。

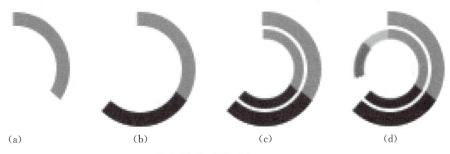

图 M12.2-R3-16

> 选中椭圆 3,按[Ctrl]+[J]复制图层,按[Ctrl]+[T]自由变换。效果如图 M12.2-R3-17(a)所示。
> 选择"矩形工具"下"椭圆工具",绘制出宽 85 像素、高 85 像素、无填色、2 个像素 RGB(253,214,26)颜色描边的椭圆 4。为椭圆 4 图层添加图层蒙版,利用画笔工具,变淡两侧颜色。效果如图 M12.2-R3-17(b)所示。
> 选择椭圆 1 图层,按[Ctrl]+[J]复制椭圆 1 图层,复制的椭圆 1 自由变换,放置于适当位置,并修改描边颜色为 RGB(253,214,26)。复制当前图层,放置于适当位置。效果如图 M12.2-R3-17(c)所示。
> 选择横排文字工具,中间空白区域输入文字"100%",设置文本大小 11,微软雅黑,RGB(153,153,153)颜色。选择文本图层和各椭圆图层,按[Ctrl]+[G],创建组,并修改组名为"数据图形"。效果如图 M12.2-R3-17(d)所示。

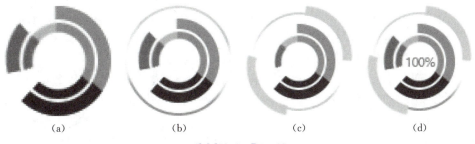

图 M12.2-R3-17

➢ 选择横排文字工具，距离数据图形上方 15 像素，左侧 15 像素，输入文字"自习室空位：127""总在馆人数：500""网站点击数：10 000"，设置文本大小 16，微软雅黑，颜色 RGB(161,31,31)、RGB(236,105,65)。效果如图 M12.2-R3-18 所示。

图 M12.2-R3-18

➢ 选中数据图形组、3 个文本图层，按[Ctrl]+[G]创建组，并修改组名为数据统计组。选中数据统计组，移动至中部，距离时间组左侧 318 像素，上方与时间组齐平。效果如图 M12.2-R3-19 所示。

图 M12.2-R3-19

（3）绘制 app 组

➢ 打开模块十二素材，拖动素材中的"app.png"放置于右侧，与参考线 2 右侧对齐，底端与前两个组齐平。复制 app 图层，向左移动，两个图片中间距离 10 像素，底端齐平。

➢ 选择横排文字工具，图片上方输入文字"移动图书馆 APP"，设置文本大小 16，微软雅黑，颜色 RGB(151,31,31)。效果如图 M12.2-R3-20 所示。

➢ 选择矩形工具，绘制出宽 90 像素、高 90 像素、无描边、填色为 RGB(236,105,65)的矩形 8。移动矩形 8，右边距离 app 图片 10 像素，顶边与前两个组齐平。效果如图 M12.2-R3-21(a)所示。

➢ 选中矩形 8 图层，添加图层蒙版，由白到黑渐变，设置发光效果。打开模块十二素材，拖动素材中的"flow.png"放置于矩形 8 中，距离矩形 8 上方 50 像素，并设置白色描边 1 像素。选中矩形 8 图层、flow 图层,选择移动工具,点击"水平居中对齐"。效果如图 M12.2-R3-21(b)所示。

➢ 选择横排文字工具,在矩形 8 中输入文字"SZLIB",设置文本大小 16,方正舒体,白色,加粗,移动文本,距离矩形 8 上方 24 像素。选中文本图层、矩形 8 图层,选择移动工具,点击"水平居中对齐"。效果如图 M12.2-R3-21(c)所示。

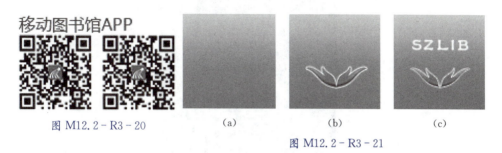

图 M12.2-R3-20

图 M12.2-R3-21

➢ 选中矩形 8 图层、flow 图层、szlib 文本图层,创建组,并修改组名为"图标"。效果如图 M12.2-R3-22 所示。

图 M12.2-R3-22

➢ 选中图标组、app 图层、app 拷贝图层、文本图层,创建组,并修改组名为"app"。
➢ 选中时间组、数据统计组、app 组,按[Ctrl]+[G](或是点击"创建新组"按钮),创建组,并修改组名为 middle,完成 middle 组绘制,图层命名如图 M12.2-R3-23 所示。

6. 绘制公告活动组:
(1) 绘制标题组
➢ 选择"矩形工具",绘制出宽 256 像素、高 34 像素、无描边、填色为 RGB(151,31,31)颜色的矩形 9。移动矩形 9,上方距离 middle 组 50 像素,左边距离参考线 1 为 17 像素。

图 M12.2－R3－23

- 选择"矩形工具"下"直线工具",从左侧参考线 1 绘制宽 17 像素、高 1 像素、颜色为 RGB(197,197,197)的直线 3(绘制时按住[Shift]键)。移动直线 3,距离矩形 9 上方 17 像素。
- 选择"矩形工具"下"椭圆工具",绘制出宽 8 像素、高 8 像素、无填色、1 个像素 RGB (197,197,197)颜色描边的椭圆 5。移动椭圆 5,距离矩形 9 上方 14 像素,左侧与矩形 9 对齐。
- 选中椭圆 5 图层,复制。移动椭圆 5 复制图层,右侧与矩形 9 右侧对齐。
- 选择"矩形工具"下"直线工具",从椭圆 5 复制图层向右绘制宽 357 像素、高 1 像素、颜色为 RGB(197,197,197)的直线 4(绘制时按住[Shift]键)。移动直线 4,与直线 3 对齐。
- 选中直线 4 图层,添加图层蒙版,选择渐变工具(也可用画笔工具),透明化直线右端。效果如图 M12.2－R3－24 所示。

图 M12.2－R3－24

- 选择横排文字工具,在矩形 9 中输入文字"公告.活动",设置文本大小 18,微软雅黑,白色。移动文本,距离矩形 9 左侧 32 像素。选中此文本图层和矩形 9 图层,选择移动工具,点击"垂直居中对齐"。
- 选择横排文字工具,在矩形 9 中输入文字"NOTICE.EVENTS",设置文本大小 12,

微软雅黑,白色。移动此文本和"公告.活动"文本底对齐。效果如图 M12.2 - R3 - 25 所示。

公告.活动 NOTICE.EVENTS

图 M12.2 - R3 - 25

- 选中矩形 9 图层、直线 3 图层、直线 4 图层、椭圆 5 图层、椭圆 5 复制图层、2 个文本图层,创建组,并修改组名为"标题"。
(2) 绘制轮播图组
- 选择"矩形工具",从参考线 1 向右绘制出宽 580 像素、高 358 像素、无描边、填色为黑色的矩形 10。移动矩形 10,距离矩形 9 下方 24 像素。
- 打开模块十二素材,拖动素材中的"img.jpg"放置于矩形 10 中,图片左侧与参考线 1 对齐,底端与矩形 10 底端齐平。选中此图片图层,右击,为图片创建剪贴蒙版(注意矩形 10 图层必须位于 img 图层下方)。
- 选择矩形工具,从参考线 1 向右绘制出宽 580 像素、高 36 像素、无描边、填色为 RGB(51,51,51)颜色的矩形 11。移动矩形 11,和矩形 10 下端齐平,并设置图层填充 60%(设置矩形透明效果)。效果如图 M12.2 - R3 - 26 所示。

图 M12.2 - R3 - 26

- 选择横排文字工具,在矩形 11 中输入文字"我院第七届读书节隆重开幕",设置文本大小 14,微软雅黑,白色。移动文本,距离矩形 11 左侧 10 像素。选中此文本图层和矩形 11 图层,选择移动工具,点击"垂直居中对齐"。效果如图 M12.2 - R3 - 27 所示。
- 选择"矩形工具"下"椭圆工具",绘制出宽 8 像素、高 8 像素、填色白色、无描边的椭圆 6。移动椭圆 6,距离矩形 11 右侧 7 像素。选中椭圆 6 图层和矩形 11 图层,选择移动工具,点击"垂直居中对齐"。效果如图 M12.2-R3-28 所示。

图 M12.2-R3-27　　　　　　　　图 M12.2-R3-28

➢ 选中椭圆 6 图层,复制 6 个椭圆 6 图层,并分别向左移动,分开。选中最左边复制的椭圆 6 图层,修改为宽 12 像素、高 12 像素,填色为 RGB(151,16,31),距离矩形 11 右侧 102 像素。

➢ 选中椭圆 6 图层及 6 个椭圆 6 复制图层,选择移动工具,点击"水平分布",设置如图 M12.2-R3-29 所示。

图 M12.2-R3-29

➢ 选中椭圆 6 图层及 6 个椭圆 6 复制图层和矩形 11,选择移动工具,点击"垂直居中对齐"。完成的效果如图 M12.2-R3-30 所示。创建组并修改组名为"轮播点"。

➢ 选中矩形 10 图层、img 图层、矩形 11 图层、文本图层、轮播点组,创建组,并修改组名为"轮播图"。图层组名如图 M12.2-R3-31 所示。

(3) 绘制公告组

➢ 选择"矩形工具"下"直线工具",从参考线 2 向左绘制宽 610 像素、高 1 像素、描边为颜色 RGB(204,204,204)的直线 5(绘制时按住[Shift]键)。移动直线 5,距离 img 图顶部 12 像素。

➢ 选择横排文字工具,直线 5 右上方输入文字"+MORE",设置文本大小 14,微软雅黑,颜色 RGB(151,31,31)。移动文本,与参考线 2 右对齐,位于直线 5 上方 5 像素效果如图 M12.2-R3-32 所示。

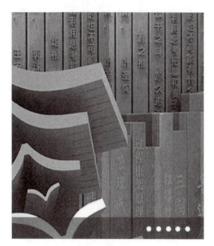

图 M12.2-R3-32

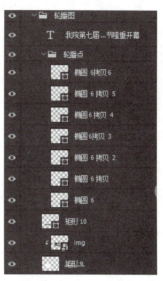

图 M12.2-R3-32

图 M12.2-R3-32

➤ 选择"矩形工具"下"椭圆工具",绘制出宽 8 像素、高 8 像素、填色 RGB(204,204,204)颜色、无描边的椭圆 7。移动椭圆 7,左侧距离直线 5 左端 22 像素,距离 img 图顶部 8 像素。

➤ 选中椭圆 7 图层,复制 8 个椭圆 7 图层,并分别向下移动,分开。选中最下方的复制的椭圆 7 图层,底部距离 img 图底端 22 像素。选中椭圆 7 图层及 8 个椭圆 7 拷贝图层,选择移动工具,点击"垂直分布"。设置和效果如图 M12.2-R3-33、M12.2-R3-34 所示。

图 M12.2-R3-33

➤ 选择"文本工具"下的"竖排文字工具",从椭圆 7 底部开始输入一列"-----",设置大小 10,微软雅黑,颜色 RGB(204,204,204)。移动文本,距离椭圆 7 左端 4 像素。效果如图 M12.2-R3-35 所示。

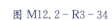

图 M12.2-R3-34

图 M12.2-R3-35

图 M12.2-R3-36

➢ 选中直线 5 图层、椭圆 7 图层及 8 个椭圆 7 图层拷贝、虚线文本图层,创建组,并修改组名为"公告背景"。

➢ 选择横排文字工具,输入 8 行文字"我院第七届读书节隆重开幕我院第一届读书节隆重开幕",设置文本大小14,微软雅黑,颜色RGB(51,51,51),设置字符行距40点。文本字符设置如图M12.2-R3-36所示。移动文本,左侧距离椭圆7右边22像素,上方距离直线4为31像素。

➢ 重复上面操作,输入8行文字"2024-03-29",设置文本大小14,微软雅黑,颜色RGB(153,153,153),设置字符行间距40点。移动文本,与步骤7文本顶部对齐,与参考线2右对齐。效果如图M12.2-R3-37所示。

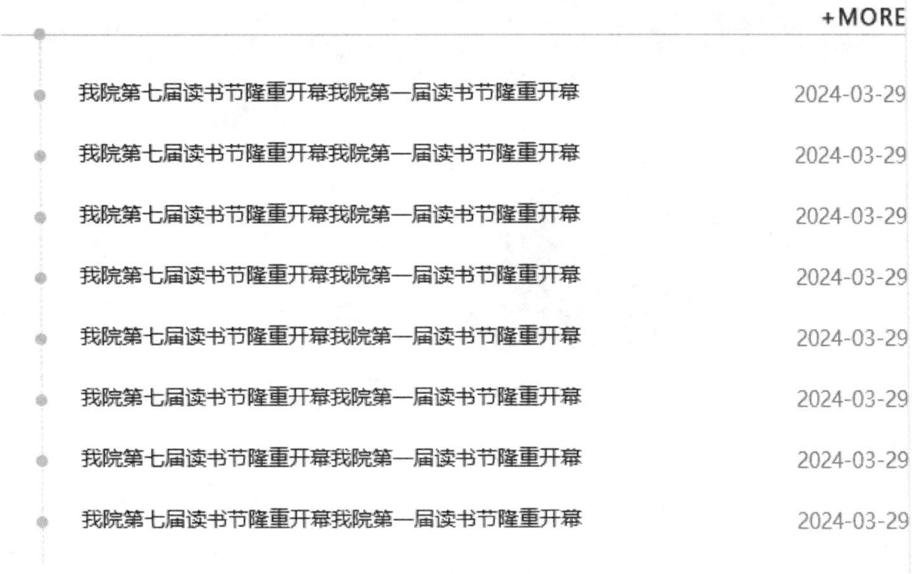

图 M12.2-R3-37

➢ 选中第4行2个文本,修改颜色为RGB(247,128,90);选中第4行对应椭圆,修改填色为RGB(247,128,90)。打开模块12素材,拖动素材中的"link.png"放置于第4行文本下方,做出交互效果。效果如图M12.2-R3-38所示。

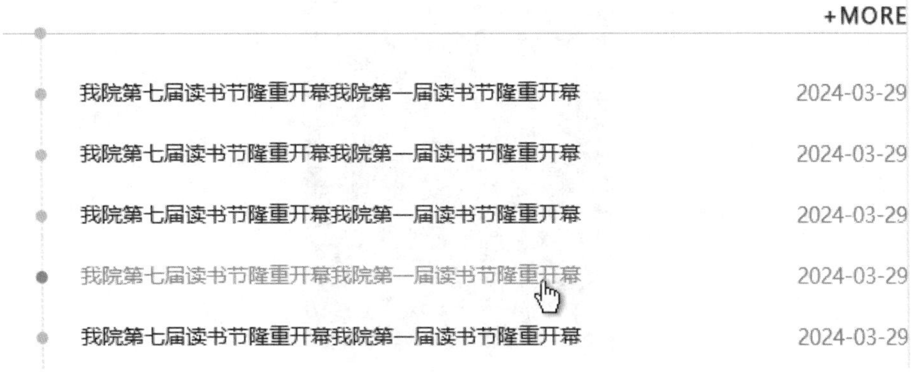

图 M12.2-R3-38

➢ 选中3个文本图层、link图层、公告背景组，创建组，并修改组名为"内容"。整体效果如图 M12.2-R3-39 所示。

图 M12.2-R3-39

➢ 选中标题组、轮播图组、内容组，创建组，并修改组名为"公告活动"。图层命名如图 M12.2-R3-40 所示。

图 M12.2-R3-40

7. 绘制新书滚动组：
- 选择横排文字工具，输入文字"热门新进馆藏"，设置文本大小18，微软雅黑，加粗，颜色RGB(151,31,31)。移动文本，上方距离img图片底部56像素。选中此文本图层和背景图层，选择移动工具，点击"水平居中对齐"。
- 选择"矩形工具"下"直线工具"，从"热门新进馆藏"文本左侧向左绘制宽17像素、高1像素、描边RGB(151,31,31)的直线6（绘制时按住[Shift]键）。移动直线6，距离文本左侧16像素，距离文本上方9像素。
- 选中直线6图层，复制。并向右移动，距离文本右侧16像素，两条直线齐平。效果如图M12.2-R3-41所示。

图 M12.2-R3-41

- 打开模块十二素材，拖动素材中的"san.png"与参考线1对齐。移动图片，与"热门新进馆藏"文本下方距离82像素。选中图片，复制，再按[Ctrl]+[T]，复制的图片"水平翻转"。向右移动至参考线2，保持两个图片齐平。
- 打开模块12素材，拖动素材中的"book01.jpg"～"book08.jpg"共8张图片，按序放置于"热门新进馆藏"文本下方。按[Ctrl]+[T]，分别对8张图片自由变换，高度为121像素。
- 移动book01图片，左侧距离参考线1为80像素；移动book08图片，右侧距离参考线2为80像素。同时选中8个图片图层，选择移动工具，点击"水平分布"。效果如图M12.2-R3-42所示。

图 M12.2-R3-42

- 选中san图层、san拷贝图层、book01～book08图层，创建组，并修改组名为"book"。整体效果如图M12.2-R3-43所示。
- 选中"热门新进馆藏"图层、直线6图层、直线6拷贝图层、book组，创建组，并修改组名为"新书滚动"。图层命名如图M12.2-R3-44所示。

8. 绘制foot组：
(1) 绘制菜单组
- 选择矩形工具，从左向右绘制出宽1 920像素、高120像素、无描边、填色为RGB(125,125,125)的矩形12。移动矩形12，从左向右占满背景图层，距离新书滚动组下方34像素。

图 M12.2-R3-43

图 M12.2-R3-44

➢ 选择横排文字工具，输入文字"研究资源"，设置文本大小 18，微软雅黑，RGB(140,0,0)。移动文本，左侧距离参考线 1 为 20 像素，上方距离矩形 12 顶部 12 像素。

➢ 选择横排文字工具，回车输入 3 行文字"万方数据知识服务平台""超星电子图书""超星移动图书馆研究资源"，设置文本大小 14，微软雅黑，白色，字符行距 25 点。移动文本，与"研究资源"文本左对齐，上方距离"研究资源"文本底部 12 像素。

➢ 选中上面操作两个文本图层，按[Ctrl]+[J]复制文本。向右平移，左侧距离参考线 1 为 375 像素。"研究资源"修改为"参考咨询"，3 行文字修改为"藏书分布""图书推荐""教师指定参考资料申请"。

➢ 重复上面操作，完成"服务项目"文本和 3 行文字"开放时间""入馆须知""校外连线（VPN）"文本，左侧距离参考线 2 为 488 像素。

➢ 重复上面操作，完成"关于本馆"文本和 3 行文字"本馆历史""组织机构""本部门联系方式"文本,左侧距离参考线 2 为 144 像素。效果如图 M12.2-R3-45 所示。

图 M12.2-R3-45

➢ 选中矩形 12、8 个文本图层,按[Ctrl]+[G](或点击"创建新组"按钮),创建组,并修改组名为菜单。

(2) 绘制超链接组

➢ 选择矩形工具,从左向右绘制出宽 1 920 像素、高 6 像素、无描边、填色为 RGB (191,191,191)的矩形 13。移动矩形 13,从左向右占满背景图层,上部与矩形 12 连接。

➢ 选中矩形 13 图层,复制。向下平移与矩形 13 连接,修改高为 30 像素,填色为 RGB (160,160,160)。效果如图 M12.2-R3-46 所示。

图 M12.2-R3-46

➢ 选择横排文字工具,在矩形 13 复制图层内输入文字"沙洲职业工学院""张家港市图书馆""苏州图书馆""国家图书馆""苏州工程文献中心",设置文本大小 14,微软雅黑,白色。移动文本,左侧距离参考线 1 为 215 像素,文本间隔 80 像素。选中文本图层与矩形 13 拷贝图层,选择移动工具,点击"垂直居中对齐"。效果如图 M12.2-R3-47 所示。

图 M12.2-R3-47

➢ 选择"矩形工具"下"直线工具",在 2 个文本中间从上到下绘制宽 1 像素、高 18 像素、描边 RGB(197,197,197) 的直线 7(绘制时按住[Shift]键),并设置直线 7 描边为虚线。设置如图 M12.2-R3-48 所示。

➢ 选中直线 7 图层,按[Ctrl]+[J]复制 3 个直线 7 图层,分别向右移动直线 7 复制图层,平均分隔文字(左右间距 39 像素)。选中直线 7 图层及 3 个直线 7 复制图层和矩形 13 复制图层,选择移动工具,点击"垂直居中对齐"。效果如图 M12.2-R3-49 所示。

图 M12.2-R3-48

图 M12.2-R3-49

- 选中矩形 13、矩形 13 复制图层、文本图层、直线 7 图层、3 个直线 7 复制图层,创建组,并修改组名为"超链接"。
- 选择横排文字工具,在下方空白处输入文字"Copyright 2011-2028 中国 张家港 沙洲职业工学院 图书馆 苏 ICP 备- 10210425",设置文本大小 14,微软雅黑,RGB(102,102,102)。移动文本图层,上方距离超链接组 15 像素。选择此文本图层和背景图层,选择移动工具,点击"水平居中对齐"。完成的整体效果如图 M12.2-R3-50 所示。

图 M12.2-R3-50

➤ 选择文本图层、超链接组、菜单组，按[Ctrl]+[G]（或点击"创建新组"按钮），创建组，并修改组名为"foot"。图层命名如图 M12.2-R3-51 所示。

图 M12.2-R3-51

模块小结

本模块主要通过案例和任务，学习宣传海报的制作、标识的设计和图像的合成等方面的应用。学习和完成了布纹制作和网站建设两个专业方向的应用案例和任务，利于拓宽学习视野。

图书在版编目(CIP)数据

Photoshop 图形图像处理"教学做"案例教程/龚花兰主编. --上海：复旦大学出版社,2025.1
ISBN 978-7-309-17808-1

Ⅰ. TP391.413

中国国家版本馆 CIP 数据核字第 2025UU9629 号

Photoshop 图形图像处理"教学做"案例教程
龚花兰　主编
责任编辑/张志军

复旦大学出版社有限公司出版发行
上海市国权路 579 号　邮编：200433
网址：fupnet@fudanpress.com　http://www.fudanpress.com
门市零售：86-21-65102580　　团体订购：86-21-65104505
出版部电话：86-21-65642845
上海四维数字图文有限公司

开本 787 毫米×1092 毫米　1/16　印张 18.75　字数 421 千字
2025 年 1 月第 1 版第 1 次印刷

ISBN 978-7-309-17808-1/T · 774
定价：49.00 元

如有印装质量问题，请向复旦大学出版社有限公司出版部调换。
版权所有　侵权必究